岭·南·新·汤·王
教你煲靓汤

看节气喝靓汤

佘自强亲传弟子和主要学术继承人
广东省人民医院中医科副主任医师 | 林举择 著

春|季|篇

全国百佳图书出版单位

化学工业出版社

·北京·

广东有句俗语："宁可食无菜，不可食无汤。"广东靓汤是一种美味可口的传统名肴，是中医药膳食疗体系的一个分支，具有浓郁的岭南中医药文化特色。广东靓汤除了有佐餐的功能，还具有养生、治未病和辅助调理各种疾病的作用。

本书是林举择医师在继承佘自强药师的学术思想和经验的基础上，融入自己多年的临床经验和生活理念撰写而成。顺应春季立春、雨水、惊蛰、春分、清明、谷雨 6 个节气，介绍了 90 道应季靓汤汤谱，在不同节气，指导大家烹饪不同的靓汤来养生健体。每道汤谱均有详细的养生功效分析、制作方法介绍，并配有清晰精美的图片。书后还附有靓汤常用食材与药材的原料图，帮助读者识别与购买煲汤材料。

图书在版编目（CIP）数据

看节气喝靓汤 . 春季篇 / 林举择著 . —北京： 化学工业出版社，2020.3
（岭南新汤王教你煲靓汤）
ISBN 978-7-122-35953-7

Ⅰ . ① 看⋯ Ⅱ . ① 林⋯ Ⅲ . ① 保健 – 汤菜 – 菜谱
Ⅳ . ① TS972.122

中国版本图书馆 CIP 数据核字 (2019) 第 301897 号

责任编辑：王丹娜　李　娜　　　　文字编辑：吴开亮　　王　雪
责任校对：王鹏飞　　　　　　　　装帧设计：子鹏语衣

出版发行：化学工业出版社（北京市东城区青年湖南街 13 号　邮政编码 100011）
印　　装：北京宝隆世纪印刷有限公司
787mm×1092mm　1/16　印张 9 ½　字数 200 千字　2020 年 7 月北京第 1 版第 1 次印刷

购书咨询：010-64518888　　　　　　　售后服务：010-64518899
网　　址：http://www.cip.com.cn
凡购买本书，如有缺损质量问题，本社销售中心负责调换。

定　　价：68.00 元

序言一

　　合理的饮食是维持健康必不可少的前提条件之一。通过日常的饮食调理可以逐渐纠正体质偏颇，进而在一定程度上起到预防疾病和辅助治疗疾病的效果。所以自古以来，药食同源、食疗养生都是众多医家推崇的简单易行的养生方法。再加上食疗的效果温和，副作用小，易于被人们接受，因而历来受到大家的喜爱。

　　平常我们说的"食疗"，主要是指中医饮食疗法，它是中医学的重要组成部分。临床上，高明的医生一般会在疾病的不同阶段或多或少地应用食疗来作为辅助治疗手段，更好地促进患者的身心康复。正如被后人尊称为"药王"的孙思邈所说："夫为医者，当须先洞晓病源，知其所犯，以食治之，食疗不愈，然后命药。""若能用食平疴，释情遣疾者，可谓良工。"

　　岭南地区位于我国南端，濒临海洋，具有不同于中原地区的独特地理环境和自然气候。这些气候、环境和人文等因素对广东人的体质形成、疾病发生与转归均有着较大的影响。所以岭南派的医家比较重视民众的日常食疗，用食疗来"治未病"，调理偏颇体质。如邓铁涛、禤国维、周岱翰等国医大师就善用药食两用的南药来设计食疗处方，推荐给患者作为辅助治疗之用。时至今日，岭南地区的人们也会在日常生活中应用药食两用之品来煲汤饮用，以应对气候转换给人带来的健康侵害。所以，广东汤可以说是岭南地区中医养生文化的精髓所在。

　　林举择医师是我的博士研究生，其钟爱岐黄之术，刻苦钻研，多年来一直在公众媒体大力宣讲和传播中医药健康科普知识。林医师原创设计的广东汤谱包含了中医"君臣佐使"的组方理念，几乎都选用了药食两用的中药材，特别是道地南药，并结合不同节气的气候特点和大众的体质特点来帮助大家调养身体，保持体内气血阴阳的相对恒定，从而达到中医所说的"阴平阳秘"的健康状态。

衷心希望这套丛书能获得大家的喜爱，更乐于看到该丛书中所记载的一个个汤方可以滋养一代又一代的国民大众，为大家的身心健康做出贡献。欣慰之余，是以为序。

医学博士、主任医师

广州中医药大学第一附属医院副院长

广州中医药大学教授、博士生导师

享受国务院政府特殊津贴专家

国家中医药管理局重点学科学术带头人

2020年3月

序 言 二

　　药膳是中国传统医学和饮食文化共同孕育的珍宝，几千年来，在中华民族防病治病的过程中发挥了巨大的作用。在中医理论指导下，可以根据不同的病证，辨证选用不同的药物、食物或药食两用之品，做到因时、因地、因人制宜。所以，中医药膳既是餐桌上的美味佳肴，又是防病治病的有效措施之一。

　　广东汤又称广府汤，是一种美味可口的汉族传统名肴，属于粤菜系，还是中医药膳食疗体系的一个分支，具有浓郁的岭南中医药文化特色。广东人喝广东汤的历史由来已久，传承了数千年，这与岭南地区独特的气候、地理、风俗、人文特点和营养观念等因素均有密切的关系。该地区天气炎热、气候潮湿，所以广东人的体质常表现出"上焦多浮热""中焦多湿蕴""下焦多寒湿"的特点。人们迫切需要一种简便灵验的方法来调理身体，让自己更好地适应岭南地区的气候变化。这样一来，既有药补之效，味道又鲜美的广东汤便满足了人们的食补养生需求。所以，日常煲汤饮汤就成了广东人生活中必不可少的一项内容，当仁不让地成了广东饮食文化的标志。就连广东民间俗语都有"宁可食无菜，不可食无汤""粤人无汤不上席，无汤不成宴"的说法。先上汤，后上菜，几乎成为广东宴席的既定格局。

　　从专业上讲，广东汤的汤谱设计十分讲究，要"辨证施膳"。而且什么节气喝什么类型的汤亦有讲究，要因时制宜，很有学问。所以广东人喝的汤会随着季节转换，按节气更迭而变化。遗憾的是，现在很多年轻的广东人或者来广东生活工作的"新广东人"对广东汤的文化、汤谱设计、因时制宜、烹饪制作、饮用宜忌等知识所知甚少，还需要专业人士和专业书籍来科普和指导。

林举择医师是我的学术继承人之一，他是新中国成立以来，我国第一批中医养生康复学专业的大学毕业生，多年来喜爱研习中医养生文化，注重理论联系实践，尤其在药膳食疗领域十分擅长。林医师还是已故的"岭南汤王"佘自强药师的关门弟子，多年来继承了其师的学术思想和经验，经常不遗余力地推广和普及中医养生文化和药膳食疗知识，被广东民众赞誉为"第二代岭南汤王"。近日喜闻林举择医师的新作即将付梓并于全国发行，阅罢书稿，发觉此套丛书有三大特色：

　　一是文字通俗易懂，中医专业知识深入浅出，且图文并茂，可读性强。

　　二是重点突出了广东汤因时制宜的养生保健优势。在不同时令，指导大家烹饪不同的节气靓汤来养生健体。即便是对广东汤了解不多的人群，亦可以"按图索骥"来"对号入座"，制作方法简单便捷。

　　三是内容全面，一应俱全。在书中作者既分享了每个季节的养生智慧，又推荐了适合每个节气饮用的食疗靓汤。每款靓汤不仅介绍了该款汤品的设计理念，还详细介绍了该款靓汤所需的材料、关键烹饪步骤、进饮讲究和养生功效，十分详细。

　　这套丛书将中医的理、法、药、食融于一体，根据中医养生学说、药物和食物的四气五味等理念，参考现代营养学知识，并结合了林举择医师多年的临床经验编写而成，具有浓郁的岭南中医药文化特色，也进一步丰富了岭南中医食疗学的内容。

　　最后，衷心祝愿这套丛书能助力广大读者朋友的身体健康！乐见于此，是为序。

广东省名中医

全国老中医药专家学术经验继承工作指导老师

广东省人民医院中医科主任、主任医师

广州中医药大学、南方医科大学、华南理工大学医学院博士生导师

2020年3月

前　言

俗话说："一方水土养一方人。"不同的气候与地理环境会造就不同的地域特点，形成不同的饮食风格。例如，我们讲到兰州，就会想到一碗兰州拉面；讲到四川，就会想到麻辣火锅；去了山西，不自觉地吃东西都要加点醋；而去了新疆，当然少不了烤全羊……如果大家来到广东，就一定要喝上一碗根据节气特点而用不同汤料、具有不同养生功效的地道广东靓汤了，广东汤可以说是广东最接地气的岭南地域文化特色之一了。

广东汤的历史非常悠久，它是中医药膳食疗学的一个分支，具有浓郁的岭南中医药文化底蕴和特色。广东汤与广东凉茶、广东糖水、广东药酒等都渗透着中医药文化，一直以来在中华民族的防病治病、养生保健中起着非常重要的作用。日常生活中，广东人无汤不上席，无汤不成宴，无论春夏秋冬都离不开功效各异的汤水。

春宜养肝，要祛湿解困。广东的春天湿气较重，要祛湿除困。春天时广东民间会煲什么汤呢？比如春韭滚泥鳅汤、绵茵陈蜜枣鲫鱼汤等，都是常见的具有养肝助阳、祛湿除困功效的汤水。

夏宜养心，要清热消暑。夏天时广东民间都喜欢滚瓜汤，因为瓜汤可以清热消暑、养阴生津。另外，民间还有"春吃芽，夏吃瓜"的说法。瓜的水分多、热量低，适合大多数人食用，所以广东人一到夏天都喜欢滚瓜汤来调理自己身体，预防暑热疾病。

秋宜养肺，要滋阴润燥。一到秋天，广东的百姓就会用霸王花、无花果、白菜干、雪花梨或青橄榄来炖猪肺，具有很好的润肺止咳和滋阴润燥的作用。

冬宜补肾，要固本培元。一到冬天，广东人，特别是中老年人就会炖一些有温补功效的汤水饮用。民间所说的"冬来进补，来年打虎"，也体现了中医季节养生的理念。

正如国医大师禤国维在对广东汤的评价："广东汤具有选材用料广泛、烹汤方式多样、突出四时特点、因材施法、适时而烹的特色。它与其他地方的汤饮相比，除了有佐餐的功能外，更重要的是有养生、治未病和辅助调理各种疾病的作用，且历经日积月累，蔚为大观。"

"岭南新汤王教你煲靓汤"丛书是我笔耕三年有余，在继承吾师"岭南汤王"佘自强药师的学术思想和经验的基础上，融入自己多年的临床经验和生活理念撰写而成。整套丛书以二十四节气为主线，每个节气都介绍了适合家庭饮用的汤谱，所用食材也比较常见，同时兼顾了南北方老百姓的体质特点和饮食习惯。所选用的靓汤没有明显的地域限制，且一家男女老少皆可放心煲来食用。

有健康才有未来，才能创造更大的财富和成就。而健康的身体来源于日常养生的点点滴滴。衷心希望我所撰写的"岭南新汤王教你煲靓汤"丛书能为大家的身体健康出一份力，也能够让更多的节气养生广东靓汤"飞入"全国寻常百姓家。

2020年3月

目录

春季养生智慧　　　　　　　　　　　001

在春天，饮食宜遵循养阳助阳的法则，以益肝健脾为主，不宜过食寒冷、生冷和壅滞肠胃的食物，以免抑制了阳气的升发。

立春

公历
2月3、4
或5日

第一章

spring begins

春季养生智慧

农历年由立春拉开了春天的序幕，此时春阳涌动，万物复苏。顺时养生是中医养生的一大原则，按照四季特点来说，春生、夏长、秋收、冬藏；从五行理论来讲，春属木，与肝相对应，故春季养生应着重于养肝，保护初升之阳气，做好"三调一防"。

调情志：顺应时节，戒怒忌忧

中医认为，肝在五行中属木，为阴中之阳，与自然界春气相对应。春季始临，人的肝气亦开始升发，是调养肝脏的大好时机。因此春季养生，重在养肝护肝。

中医理论认为"肝主情志""怒伤肝"。因此，养肝的关键就是要保持心情舒畅，切忌暴怒或心情忧郁。春季人们容易倾向出现两种消极的情绪。一种是春季阳气升发，容易肝火上亢，情绪激动，动辄便会大发脾气；另一种是春季容易出现情绪低落，悲观失望，甚至自暴自弃的表现。

要预防这些不良情绪，可以多与亲朋好友沟通，自己不要钻"牛角尖"。可以在天气好的时候，走到大自然中，享受大自然赐予人类的美好的春天。适量的运动也有助于改善情绪，因为运动时体内激素会增加，在活动筋骨的同时，也能加强循环系统的功能，还可以有效地分散注意力。平时养成坚持锻炼的好习惯，对于疏导情绪非常有用。

调起居：晚睡早起，与日俱兴

立春以后日照渐长，在起居方面也应顺应日照变化。相对冬天来说，可以晚一点睡、早一点起，以利于阳气的升发。人体的气血亦如自然界一样，需要舒展畅达，这就要求人们克服倦怠懒睡的习惯，适当夜卧早起，增加室外活动，舒展形体，畅通血脉，以助升发阳气。晚点睡觉不是提倡大家熬夜，而是指晚上9点以后，11点之前入睡是最好的，否则第二天容易肝火上升而致双目赤红。早起是指在太阳刚刚升起的时候起床，这样有利于气机的疏泄条畅。

另外，睡眠虽然对肝脏有益，但并不是睡眠越多越好，如果肝功能指标尚可，应该进行适量的运动，各人应根据自身的体质状况，选择适宜的锻炼项目，例如健走、慢跑、太极拳、瑜伽等。

调饮食：少酸加辛增甘，助阳养肝健脾

中医理论认为，酸性收敛，入肝经，不利于阳气的升发和肝气的疏泄。药王孙思邈曾说过："春日宜省酸，增甘，以养脾气。"所以立春饮食应少吃酸性食物，多吃辛温发散之品，如香菜、韭菜、洋葱、青椒、姜、葱、蒜等。雨水之后要重视健脾祛湿，多食用一些味甘、淡，性微温或平，有健脾祛湿功效的食材，如薏苡仁（薏米）、芡实、淮山、茯苓、白扁豆等，也可选择大枣、山药、马铃薯、大薯等味甘养脾之品做成大枣粥、山药粥、大薯粥等食用。针对整个春季的节气特点，均可多食用一些具有养肝柔肝或疏肝理气作用的药材和食品，药材如何首乌、枸杞子、佛手、陈皮、女贞子等，食材如花生、姜、葱、蒜、茼蒿、韭菜、芹菜等均是不错的选择。值得一提的是，中医认为，萝卜生食性凉，味辛、甘；熟食性平，味甘。立春时节食用萝卜不但可以解春困，而且有理气、祛痰、止咳等功效。韭菜辛温发散，具有补肾益肝的作用，有助于人体阳气的升发畅达。

防寒保暖：春捂护阳，下厚上薄

民间谚语云"春不减衣，秋不戴帽"。早春季节不要急忙把厚的衣服脱掉。因为立春时节阳气渐升，而阴寒未尽，正处于阴消阳长、寒去热来的转折期。此时人体的毛孔也正处于从闭合到逐步开放的过程，对寒邪的抵抗能力有所减弱，如果穿得少了，一旦遭遇寒凉的侵袭，毛孔就会自动闭合，体内的阳气得不到宣发，容易产生阳气郁内的现象。因此衣着最好慢慢减少，不要一下子换上夏季的短袖短裤，尤其中老年人不要急于减少衣服。风寒外邪最易伤肺，出现鼻塞、咳嗽、流清涕等外感症状，因此，防寒保暖仍是立春养生的重点。此时，衣着主张"下厚上薄"，以助春阳升发之势。此外，《养生论》里说："春三月，每朝梳头一二百下，至夜卧时，用热汤下盐一撮，洗膝下至足方卧，以泄风毒脚气，勿令壅滞。"就是说，春天里用早上梳头、晚上泡脚的养生方法，能令人气血旺盛，促进气血运行，从而起到保健防病的效果。

总的来说，在春天时，饮食宜以养阳助阳、益肝健脾为主，不宜过食寒冷、生冷和壅滞肠胃的食物，以免压制了阳气的升发。同时由于岭南特有的春日气候特点，还要兼顾祛除湿气。本着"天人相应"的养生思想，本书顺应节气的变化特点推出了一系列应季养生汤水，希望能为大家的日常健康保驾护航。

第一章

立春

（公历2月3、4或5日）

富贵虾清炖椰皇汤

此时虽已进入立春节气，但仍是属于冬末，所以气候依然是干爽而带有小寒。汤饮方面应首选润燥滋补功效强的食物。

富贵虾即虾蛄，北方人多称之为皮皮虾，而我国南方常称其为濑尿虾。富贵虾性温，味甘、咸，入肾、脾经，有补肾壮阳、通乳脱毒之效，富含磷、钙等营养物质，对小儿、孕妇尤有补益功效。椰皇俗称老椰子，其果壳坚硬厚实，外表呈咖啡色，具有清润滋补的食疗功效。

本汤品使用了广东汤烹饪时常用的炖法，做出的汤水很好地保留了食材的原汁原味，十分鲜甜可口，适合一家老少饮用。

制作

1. 将富贵虾洗净；先用筷子把椰皇正面呈"品"字形的三个孔戳穿，把里面的椰汁倒入炖盅内，用锤子朝椰皇底部用力敲裂，再用刀将椰肉撬起或者刮下来，切成小块备用。

2. 将所有主料放入炖盅，加入清水 1200 毫升，和椰汁共约 1500 毫升（约 6 碗水），隔水炖 3 小时，进饮前加入适量盐温服即可。

注：1. 本书中，制作汤饮所用到的油、盐、生抽、生粉等调料为家庭常备之物，故未列入主料中。

2. 本书中主料图为示意图，具体数量和重量以文字为准。

主料

富贵虾 300 克
椰皇 1 个
生姜 2 片

富贵虾

椰皇

分量
3~4 人份

功效
补益阳气
清润滋补

云耳冬菇虾米粉丝滚绍菜汤

珠三角一带的民间在大年初一有食斋的传统。从科学健康饮食的角度来看，大年初一吃素对身体是有好处的。大年三十的团圆饭一般佳肴甚多，且在除夕夜大家普遍都是通宵达旦地吃喝玩乐，胃肠疲惫不堪，如果大年初一还是大鱼大肉地吃，则容易引起肠胃不适和消化不良。这款靓汤中选用的云耳、冬菇、金针菜、绍菜都是做素食斋汤的常用材料，有去油腻、消食滞、利大肠的功效。此汤品清润可口、爽滑利肠，实为大年初一的一道很好的养生调节汤品。

制作

1. 将云耳、冬菇、金针菜、粉丝、虾米分别浸发，洗净。
2. 将绍菜洗净，切段。
3. 起油锅，爆香生姜片，加入绍菜段炒至刚熟。
4. 加入云耳、冬菇、金针菜、虾米，再炒片刻。
5. 加入清水 1250 毫升（约 5 碗水），用武火滚沸后改中火稍滚片刻，放入粉丝滚至熟。
6. 加入适量盐、麻油便可，进饮时可根据个人口味加入少许胡椒粉调味。

主料

云耳 50 克

冬菇 50 克

粉丝 100 克

金针菜 70 克

虾米 70 克

绍菜 500 克

生姜 3 片

云耳

冬菇

金针菜

分量
3~4 人份

功效
益胃
消滞
利肠

分量
4~5 人份

功效
健脾益气
清热养阴

莲藕莲子蚝豉煲猪横脷汤

珠三角一带每逢过年的时候，民间都会做一些既有寓意，又味道鲜美、营养价值高的汤水。从中医角度来看，这很符合养生和调理的要求。民间认为大年初二是一年之中的"头牙"，要吃"开年饭"。

这款靓汤用到了莲藕和莲子，取其"年年"或"连年"的谐音；蚝豉即牡蛎肉的干制品，是"好事"的谐音；猪横脷即猪大脷，是"大吉大利"之意。整个汤品寓意"连年好事大利"，应景的同时还能有助健康，起到清热养阴、益气健脾的作用。

莲藕 600 克

莲子 50 克

绿豆 50 克

蚝豉 50 克

猪横脷 1 条

猪大骨 200 克

陈皮 5 克

生姜 3 片

制作

1. 将绿豆隔夜浸泡；莲子、陈皮、蚝豉稍浸泡，陈皮刮去白瓤。
2. 将主料分别洗净；莲藕刮皮，去节，切厚块。
3. 将猪横脷刮去杂质后切块；猪大骨斩块，与猪横脷一起汆水备用。
4. 将所有主料一起放入瓦煲，加清水 2500 毫升（约 10 碗水），用武火滚沸后，改文火慢熬 2 小时，进饮时加入适量盐温服即可。

分量
4~5 人份

功效
滋阴降火
利肠导滞

白萝卜煲咸鱼头汤

　　广东民间在逢年过节前后，总爱煲具有降火清热、利肠消滞作用的汤水饮用，以防节日饮食引起的积滞和上火。而且春节期间，大家都喜欢用鱼来做膳，取其"年年有余"之意。

　　咸鱼是广东沿海一带早餐吃粥时常见的佐餐菜，而咸鱼头被认为是具有清热泻火、生津止渴作用的汤料，常与白萝卜、豆腐等搭配食用。此汤品还可辅助治疗虚火上炎所致的牙痛、腮痛、咽喉不适及胃口不佳、食滞化火等病证。

主料

白萝卜 600 克　　咸鱼头 1~2 个（约 120 克）　　猪脊骨 200 克　　蜜枣 2 枚

生姜 4 片

制作

1. 将白萝卜、咸鱼头、猪脊骨分别洗净。
2. 将白萝卜去皮后切大块，咸鱼头煎至微黄，猪脊骨氽水。
3. 所有主料一起放入瓦煲，加清水 2500 毫升（约 10 碗水），用武火滚沸后改文火慢熬 2 小时，进饮时加入适量盐温服即可。

分量
3~4 人份

功效
健脾养胃
润肤养颜

竹笙火腿炖花菇汤

　　竹笙又称为竹荪，口感清香滑嫩。竹笙富含胶质纤维，多食能减少腹壁脂肪的积累，又有润肠通便之功，尤其适合高脂血症、老年性便秘和肥胖症人士食用。花菇质地细软，香滑爽口，有健脾养胃、滋补扶正的功效。火腿肉甘香而不腻人，能提升汤味口感。将它们合而为汤，具有健脾养胃、润肤养颜的功效。且此汤品清润不寒、味鲜不腻，男女老少都适合饮用。新春佳节期间，喝上一碗竹笙火腿炖花菇汤就再合适不过了。

主料

竹笙 80 克

火腿肉 50 克

干品花菇 50 克

菜心 200 克

猪瘦肉 150 克

生姜 3 片

制作

1. 将竹笙和花菇用温水稍浸泡；火腿肉切粒状或片状；猪瘦肉切成小方块后汆水。
2. 将除菜心外的主料一起放进炖盅内，加入清水 1250 毫升（约 5 碗水）和少许绍酒、花生油，加盖隔水炖 1.5 小时。
3. 放入菜心，炖 10 分钟，加入适量盐即可。

白菜干蚝豉煲咸猪骨汤

过年时，亲朋好友常聚会欢乐，整夜不眠，容易咽喉上火。故大年初五推荐一道白菜干蚝豉煲咸猪骨汤。

此汤有滋阴益气、降火宁心之功效，对虚火上升、咽干喉痛、神经衰弱等不适症状有良好的调理作用。白菜干是白菜晒干而成；咸猪骨是先将猪骨头洗净，用白酒和盐腌制，然后直接放到火里烤干而成。用白菜干或咸猪骨煲汤是广东地区的一种常见的饮食习俗，做出的汤具有清热下火的养生功效。

制作

1. 将白菜干用温水泡软，之后切段；咸猪骨斩大块。
2. 将所有主料放入瓦煲，加入清水 2500 毫升（约 10 碗水），先用武火煮沸，再改文火慢熬 2 小时，不放盐温服即可。

主料

白菜干

白菜干 80 克
蚝豉 50 克
咸猪骨 500 克
陈皮 5 克
生姜 3 片

蚝豉

咸猪骨

分量
4~5 人份

功效
滋阴益气
降火宁心

鲜冬笋草菇羹

年关一晃已过去 6 天，相信大家已进食不少肥甘厚腻、山珍海味，急需一款汤品来消脂去油。大年初六推荐给大家的是鲜冬笋草菇羹。

笋能吸附所吃食物的油脂，降低胃肠道对脂肪的消化和吸收。现代营养学认为，笋还有帮助人体消化、防止便秘的作用。草菇性寒，味甘、微咸，能消食祛热、补脾益气、清除暑热，并能辅助降低血压。这道全素汤品可以在佳节期间给大家的肠胃减压、导滞。

制作

1. 将鲜冬笋去壳切片；鲜草菇去蒂后在基部切"十"字。
2. 将冬笋片和草菇焯水后起油锅稍炒片刻。
3. 锅里加入清水 1500 毫升（约 6 碗水）和生姜，滚沸后，放入马蹄粉（或木薯粉），拌匀。
4. 加入适量盐、麻油，再滚片刻即可。

主料

鲜冬笋 300 克
鲜草菇 100 克
生姜 3 片
马蹄粉（或木薯粉）2 勺

鲜冬笋

鲜草菇

分量
3~4 人份

功效
消食去脂
化滞通便

七宝鲜蔬羹

大年初七推荐一道"七宝鲜蔬羹"。这一天被称为"人日",谓"众人生日"之意。传统上广东一带的民间一般会在这一日不煮饭,也不煲粥、炒粉或炒面,只吃斋菜。这些斋菜里最特别的要数"七宝羹"了,它是用芹菜、芥菜、葱、大蒜等7种蔬菜或水果做成的羹汤。

这道"七宝羹"的寓意很精彩:芹菜——勤力,芥菜——戒懒,葱——聪明,鲜百合——百年好合,大蒜——精打细算,芫荽——完完美美,韭菜——长长久久。此鲜蔬羹软甜香醇,菜味隽永,是春日佳节的健康汤品,所以大年初七特别推荐"七宝鲜蔬羹"给大家。

制作

1. 将芥菜、芹菜、鲜百合、韭菜、芫荽洗净后切碎,葱、大蒜洗净后切末。
2. 将马蹄粉(或木薯粉)加水调成芡汁。
3. 锅中加入清水1500毫升(约6碗水)和生姜一起煮沸,依次加入油、芥菜碎、鲜百合碎滚沸片刻,加入芹菜碎、韭菜碎滚至熟。
4. 锅里兑入马蹄粉(或木薯粉)芡汁并搅拌均匀。
5. 加入大蒜末、葱末、芫荽碎稍滚片刻后加入适量盐即可。

主料

芥菜 100 克	芫荽 50 克
芹菜 100 克	生姜 3 片
鲜百合 100 克	马蹄粉(或木薯粉)2~3 勺
韭菜 50 克	
葱 50 克	
大蒜 50 克	

分量
3~4 人份

功效
益胃清肠
清热生津

木棉花炖水蛇汤

节后上班，加之渐入春困时节，很有必要推荐一款能够健脾祛湿、醒神解困的养生靓汤帮大家迅速进入上班状态，那就是木棉花炖水蛇汤。

木棉花是广州的市花，也是常用的南药。木棉花味甘、淡，性凉，有清热、利湿、解毒的功效；水蛇可以祛风解毒，滋养补益；龙眼肉能养血安神、调补心脾。将三者合而为汤，能健脾胃、祛湿毒、解春困，实在是春季养生的一道绝好靓汤。

制作

1. 将木棉花浸泡洗干净；水蛇宰洗干净，切段。
2. 将水蛇段和猪瘦肉一起置于沸水中汆水，猪瘦肉汆水后切小方块。
3. 将所有主料一起放进炖盅内，加入清水 1500 毫升（约 6 碗水），加盖隔水炖 3 小时。
4. 进饮时加入适量盐，水蛇段和猪瘦肉块可捞起拌酱油佐餐食用。

主料

木棉花

木棉花 18 克

龙眼肉 15 克

水蛇 400 克

猪瘦肉 150 克

生姜 3 片

水蛇

分量
3~4 人份

功效
祛湿毒
解春困
健脾胃

橘皮冰糖炖雪耳甜汤

在广东，客人来访或家人团聚都喜欢上水果或甜品。而中医有"春养肝"之说。冬末春初正是橘子上市之季。今日教大家变废为宝，物尽其用，用橘皮做一款简单好吃又应季养生的甜汤，让您在客人面前露一手。

橘络是橘皮内白色分枝状的筋络，中医认为其有顺气、化痰、通络的功效，主治经络气滞、久咳痰多等症。冰糖与雪耳同炖，有一定的润肤养颜的功效，尤其适宜女士们多食用。

制作

1. 将干品雪耳浸泡后去蒂，切成小朵。
2. 将所有主料放入炖盅，加清水 1500 毫升（约 6 碗水），隔水炖 1 小时，放入适量冰糖便可。

主料

橘皮约 1/4 个

干品雪耳 50 克

橘皮

干品雪耳

分量
4~5 人份

功效
润肤养颜
疏肝顺气

桔梗甘草煲猪横脷汤

早春的广东，天气仍然凉爽又干燥，加上过年期间广东人喜欢打边炉和吃燥热香口的零食，很多朋友会出现咽部干痛、咽痒咳嗽等急性咽炎的症状。在这里给大家推荐一款专门针对急性咽炎症状的辅助治疗汤饮——桔梗甘草煲猪横脷汤。

在我国，桔梗自古便是一味药食两用之品。《神农本草经》中记载，桔梗具有化痰止咳、利咽开音、宣畅肺气、排脓消痈的功效，再配以甘草，就是名方"甘桔汤"了。此方可以保护咽喉和气管，有利咽润肺、止咳祛痰的作用。除此之外，此汤品还加入了具有益肺补脾、滋阴润燥作用的猪横脷。将它们合而为汤，使汤味香醇可口，汤性平和，各类人群均可放心饮用。

制作

1. 将猪横脷和猪瘦肉洗净后汆水，其中猪横脷切大块，猪瘦肉切成条。
2. 将所有主料一起放入瓦煲，加入清水2500毫升（约10碗水），先用武火煮沸，之后改文火慢熬1.5小时左右，进饮时加入适量盐即可。

主料

桔梗 20 克

甘草 15 克

猪横脷 400 克

猪瘦肉 150 克

生姜 2 片

桔梗

猪横脷

分量
4~5 人份

功效
润喉利咽
益肺补脾

猴葵炖老母鸡汤

　　猴葵又名鹿茸菌、鹿角菜，是一种名贵山珍。猴葵味甘、咸，性寒，入心、胃二经，具有软坚散结、镇咳化痰、清热解毒、和胃通便、扶正祛邪之功效，常用于胃脘疼痛、痛发有时、嗳气反酸、纳食不香、肠燥便秘等症，类似猴头菇。《岭南采药录》谓之能"消痰下食，可治一切痰结痞积、痔毒"。

　　春节之后用猴葵来调理肠胃，缓解因过节期间暴饮暴食而出现的肠胃不适就非常适合了。在烹饪上，野生菌类一般和老母鸡搭配来煲汤。老母鸡的滋补养生功效较强，且肉味鲜美，用来煲汤可谓效果一流。

制作

1. 将干品猴葵先用清水冲洗，去泥沙和杂质，放入盆内，用温水浸泡 30 分钟左右，让它自然泡发。
2. 将老母鸡宰杀干净，斩成大块后汆水备用。
3. 将所有主料放入炖盅，加清水 1500 毫升左右（约 6 碗水），隔水炖 3 小时，加入适量盐温服即可。

主料

干品猴葵

干品猴葵 50 克
老母鸡 1 只（约 600 克）
生姜 3 片
大枣 6 枚

分量
4~5 人份

功效
消痰和胃
健脾扶正

火腿虾米滚茼蒿汤

春天，在饮食方面，首先要遵守《黄帝内经》里提出的"春夏养阳"的原则。也就是说，在饮食方面宜适当多吃些能助补阳气的食物。李时珍在《本草纲目》中引用《风土记》里的观点，亦主张"以葱、蒜、韭、蓼、蒿、芥等辛嫩之菜，杂和而食"，从而助阳气升发。

茼蒿是冬、春二季的应季蔬菜，具有蒿之清气、菊之甘香。茼蒿味甘、辛，性平，入肝、肾二经，有安心气、养脾胃、消痰饮、利肠胃之功效。本汤品以金华火腿肉、海虾米滚茼蒿菜，汤味甘美鲜香，汤性清润平和，既开胃健脾，又助阳益血，是立春节气的时令家庭靓汤。

 制作

1. 将金华火腿肉切片。
2. 将海虾米稍浸泡；茼蒿洗净，切段。
3. 锅里加入少许花生油加热，放入生姜片和海虾米爆香。
4. 加入清水 1500 毫升（约 6 碗水），用武火煮沸后加入茼蒿段，再次滚沸后加入金华火腿片稍滚片刻，进饮时加入适量盐即可。

主料

茼蒿

金华火腿肉 100 克

海虾米 50 克

茼蒿 400 克

生姜 3 片

分量
3~4 人份

功效
健脾开胃
助阳益血

葱姜薄荷豆腐汤

早春天气仍然寒意逼人，易患感冒，所以立春时节预防感冒很关键。中医认为，春日的气候特征以"风"气为主，风邪可单独侵袭人体而致外感病，也可兼夹寒邪和湿邪致病。

这款葱姜薄荷豆腐汤，用于预防感冒或者治疗春日风寒感冒初期都十分合适。汤中选用的葱、姜、薄荷都是常用的药食两用之品，豆腐中所含的石膏本身就是常用中药，有除烦止渴、清热泻火的作用。

制作

1. 将小葱葱白洗干净，切段。
2. 将豆腐切大块，干品薄荷浸泡15分钟。
3. 将猪瘦肉汆水后切成小块。
4. 铁锅里加入清水1500毫升（约6碗水），先用武火煮沸，之后依次放入生姜片、猪瘦肉块、豆腐块、小葱葱白段，滚约15分钟。
5. 放入薄荷再滚5分钟，加入适量盐、花生油，温服即可。

主料

小葱葱白 3~5 段
生姜 3 片
干品薄荷 10 克
豆腐 200 克
猪瘦肉 150 克

豆腐

干品薄荷

猪瘦肉

分量
3~4 人份

功效
祛风解表
防治感冒

白萝卜腊鸭腿煲猪大骨汤

在广东地区，大家都有在寒冷季节吃腊味的习俗，比如用腊味炒菜、做成煲仔饭，或者用腊味来煲汤食用。其中腊鸭就是深受广东老百姓喜爱的腊味品种之一。早春的天气干冷，通过吃腊鸭来食疗，不仅养体暖身，而且美味甘香。

中医认为腊鸭腿是腊鸭的精华部分，滋阴补虚功效更加突出。白萝卜是大寒之后经过霜打的白萝卜，不仅口感好，而且根茎中积累的营养成分更充足。本汤中选用的猪大骨是猪腿大骨，俗称筒骨，富含油性骨髓和胶质筋腱，有补益骨髓、滋阴润燥之功。将它们三者合而为汤，汤味不仅甘香鲜甜，而且蕴含着腊鸭独特的芬芳。建议大家最好趁热饮用，一来味道最鲜，二来吃完后还能使浑身暖洋洋的。

制作

1. 将白萝卜削皮后切块；腊鸭腿稍浸泡后斩小块；猪大骨斩段后汆水。
2. 将腊鸭腿块和猪大骨段、生姜放入瓦煲，加清水 2500 毫升（约 10 碗水），用武火煮沸后改文火熬 1.5 小时左右。
3. 加入白萝卜块煲 30 分钟左右。
4. 根据个人口味不放盐或少放盐，加入少许葱花和香菜即可趁热饮用。

主料

猪大骨

白萝卜 500 克

腊鸭腿 1 只

猪大骨 600 克

生姜 3 片

葱花和香菜适量

分量
4~5 人份

功效
健胃增髓
滋阴补虚

第二章

雨水

（公历2月18、19或20日）

猕猴桃银耳汤圆羹

元宵节又称为"上元节"。在这一天，按照传统习俗是要张灯结彩、猜灯谜、吃汤圆的。说起元宵节的汤圆，广东这边多以白糖、芝麻、花生、红豆沙等为馅，用糯米粉包成球形，风味各异，主要有"团圆美满"之意。

在这里推荐一款应节应季的猕猴桃银耳汤圆羹给大家。广东早春的天气仍然干冷，猕猴桃和银耳既有清热润燥、养阴生津的功效，还可以开胃消滞、改善肠道的排便功能，与汤圆搭配，正好互补，不至于过于滋腻和阻碍脾胃运化。

制作

1. 将猕猴桃削皮后切片；干品银耳用温水浸泡30分钟，去蒂，撕成小朵。
2. 锅里加入清水2000毫升（约8碗水），用武火煮沸后先下汤圆，煮至汤圆浮起来后再改用文火煮。
3. 加入银耳，水每开一次就加入适量的冷水，如此煮开3次。
4. 放入猕猴桃片和适量冰糖，煮沸后即可。

主料

猕猴桃

猕猴桃 2 个
干品银耳 30 克
汤圆 400 克

干品银耳

分量
4~5 人份

功效
润燥生津
益胃和中

五色五行斋汤

过节期间，朋友们觥筹交错，大鱼大肉吃得尽兴，胃肠道可负荷不小。节后饮食应尽可能以清淡易消化的为主。这款具有清润消滞、健脾和胃功效的汤水就可以为大家的肠胃减负。

这款斋汤中，黑色的木耳属水，主肾；白色的金针菇属金，主肺；黄色的玉米属土，主脾；青色的丝瓜属木，主肝；红色的番茄属火，主心。五种食材的鲜味共同融入椰子香甜的汤底中，使整个汤面色彩斑斓，交相辉映，正是经典粤菜色香味俱全的代表之一。五色五行斋汤非常适合节后一家人共同饮用，既清淡又补益，男女老少都喜欢。

制作

1. 将椰皇里面的水和椰子肉一起放入瓦煲，加清水 2000 毫升（约 8 碗水）煲 1 小时，去除汤渣，留清汤倒入锅里备用。
2. 将番茄洗净切小块；玉米洗净切小段；干品黑木耳泡发；丝瓜削皮后切小块。
3. 将锅里的椰皇清汤煮沸，依次放入生姜片、玉米段、黑木耳、金针菇、丝瓜块、番茄块，滚至刚熟。
4. 加入适量花生油和盐即可饮用。

主料

椰皇

椰皇 1 个
番茄 2 个
玉米 1 根
金针菇 100 克
干品黑木耳 30 克
丝瓜 1 根
生姜 2 片

分量
3~4 人份

功效
调补五脏
清润消滞

荔枝干瑶柱陈皮煲老鸭汤

　　万物复苏的春天虽已到来，但广东在雨水节气前后仍乍暖还寒，如果身体的调节跟不上天气的变化，"春病"就很容易找上自己。此时正是肝气升发的时候，养生宜顺养肝气、助肾补肺。

　　荔枝干是荔枝通过天然日晒或者人工干燥的方法制成。荔枝干味甘、酸，性温，入心、肝、肾经，有补脾胃、益心肾、养肝血的功效。再搭配上滋阴补血的老鸭和瑶柱、安养胃气的陈皮和生姜，使此款汤品的汤味香醇甘润，是雨水时节十分适宜养生的一款靓汤。

制作

1. 将荔枝干去壳、去核，取出果肉；瑶柱和陈皮用清水泡发。

2. 将老鸭宰杀干净，去除内脏和鸭屁股，斩大块后汆水备用。

3. 将所有主料放入瓦煲内，加入清水 2500 毫升（约 10 碗水），用武火煮沸后改文火慢熬 2 小时。进饮时加入适量盐即可。

主料

荔枝干 25 个
瑶柱 25 克
老鸭 1 只
陈皮 5 克
生姜 3 片

荔枝干

瑶柱

分量
4~5 人份

功效
润燥生津
益胃和中

布渣叶苹果蜜枣煲猪膜汤

　　有不少朋友说在元宵节过后出现了口臭、嗳腐吞酸、胃脘胀闷、不思饮食、大便不畅、舌苔黄厚腻等食滞化热的表现。中医认为，春天属木，对应五脏中的肝。这时候的养生要顺应肝脏主升、主动的特性，饮食上要以辅助阳气升发为要点。此时就算体内有热，也忌用过于寒凉的药材或食材去清热解毒，以免伤及阳气而抑制了肝脏的疏泄和升发功能。

　　这款靓汤性质平和，不寒不苦，可以辅助治疗食滞化热的各种病症，尤其适合儿童和老人的体质特点。佳节海吃豪喝过后，不妨煲一锅汤来清一清肠胃之热，消一消饮食积滞。

制作

1. 将苹果呈"十"字切开后去核；猪膜肉洗干净后氽水、切块。

2. 将除苹果之外的其他主料放入瓦煲，加入清水 2000 毫升（约 8 碗水），先用武火煮沸后改文火慢熬 1 小时。

3. 加入苹果再煲 20~30 分钟，进饮时加入适量盐温服即可。

主料

布渣叶 15 克
苹果 2 个
蜜枣 2 枚
猪膜肉 400 克
生姜 2 片

布渣叶

苹果

分量
3~4 人份

功效
清热消滞
益胃和中

分量
2~3人份

功效
驱寒暖胃
补肾益精

姜汁花胶汤

天气阴沉时，很多朋友都觉得腰酸背痛又胃口不佳，这些其实都是胃寒湿重的表现。胃寒主要是由于不良的饮食习惯引起的，如饮食不节制、经常吃冷饮或寒凉性质的食物。再加上生活节奏快，精神压力大，更易导致脾胃疾病的发生。现在就教大家煲一款能祛寒暖胃、补肾益精的姜汁花胶汤。

生姜既可作为菜肴的调料，又有治病之功。中医认为生姜能发表散寒，有暖胃止呕、温肺止咳的作用，可以辅助治疗风寒感冒、咳嗽、恶心呕吐等病症。花胶以富有胶质而著名，有滋阴养血、固肾培精的食疗功效。这款姜汁花胶汤不但能令人消除节后疲劳，而且暖胃补肾效果相当显著。

花胶 200 克　　　　　　姜片 60 克　　　　　　鸡肉 400 克

1. 将花胶用冷水浸泡过夜；姜片剁成蓉，榨取姜汁，姜蓉也备用。
2. 将鸡肉去皮，切块并汆水备用。
3. 将花胶与榨汁后的姜蓉和料酒混合，揉捏 5~10 分钟后将花胶清洗干净。
4. 将花胶、鸡肉块、姜汁一起放入炖盅，加入清水 1000 毫升（约 4 碗水），隔水炖 3 小时，加入适量盐温服即可。

祛湿解困汤

　　雨水节气，顾名思义，这个时节水汽比较大，雨水逐渐多了起来，家里的瓷砖和地板一天到晚都是湿漉漉的，很多人都容易犯"春困"。而犯春困的原因之一是外部气候环境湿气较重，二是个人脾胃功能虚弱，不能运化水湿，从而表现为头重如裹、胃满腹胀、不思饮食、大便黏腻不成形等症状。要想祛湿，先要健脾。这款能够健脾祛湿、解除春困的靓汤正好推荐给大家以作养生保健之用。

制作

1. 分别将薏米、白扁豆放入铁锅，用文火干炒至微黄。
2. 将猪脊骨洗净，斩块后汆水备用。
3. 将所有主料放入瓦煲，加清水 2500 毫升（约 10 碗水）用武火煮沸后改文火慢熬 2 小时，进饮时加入适量盐调味温服。

主料

薏米 50 克
云苓 50 克
白扁豆 50 克
芡实 50 克
淮山 50 克
猪脊骨 500 克
生姜 3 片

芡实

淮山

云苓

分量
4~5 人份

功效
健脾益胃
祛湿解困

五指毛桃根陈皮生姜煲猪脊骨汤

　　进入雨水节气，平素体质属于痰湿体质或虚不受补的朋友会比较难受。这些朋友或大便溏腻不成形，或纳差胃胀，抑或肢体关节沉重酸痛等，这些都是湿邪困阻的症状。这款五指毛桃根陈皮生姜煲猪脊骨汤就有助于解决这些不适症状。

　　五指毛桃广泛分布于南方地区，因其叶子长得像五指，且叶片长有细毛，果实成熟时像毛桃而得名。国医大师邓铁涛认为，本品益气健脾功同北芪却不温不燥，药性温和，补而不峻。其性缓，益气而不作火，补气而不提气，扶正而不碍邪，而且具有化湿行气、舒筋活络、祛痰平喘的功效。适用于多湿多虚体质的人群，尤宜虚不受补体质的人群服用，是南药中难得的佳品之一。

制作

1. 将猪脊骨洗净，斩块后焯水备用。
2. 将所有主料放入瓦煲，加入清水 2000 毫升（约 8 碗水），先用武火煮沸，改文火慢熬 2 小时，进饮时加入适量盐温服。

主料

五指毛桃根 100 克
陈皮 5 克
生姜 3 片
猪脊骨 400 克

陈皮

五指毛桃根

分量
3~4 人份

功效
益气健脾
理气暖胃
祛湿舒筋

分量
4~5 人份

功效
大补元气
温阳健脾

人参白术炖羊肉汤

　　如今气虚和阳虚体质的人士越来越常见。有些朋友喜欢通过服用人参来补元气，刚开始吃还挺有效果的，但是吃了一段时间，就觉得上火了。其实这些朋友不是不适合吃人参，而是吃错了人参。人参有红参和白参之分。红参是人参的熟制品，经过蒸制、烘干等工序加工而成；而白参就是将鲜人参清洗干净后，烘干而成的。因其制法不同，功效也就有所区别。虽然两者都有大补元气的功效，但是红参药性更温、药效更强，是气血不足且偏阳虚者的补益佳品；而白参补气的同时还有生津止渴、清虚火的功效，适合于气虚但又有虚火的人群服用。所以各位要根据自身的体质选择人参。

　　这款汤用人参配合健脾燥湿的生白术来炖羊肉，不但色香味俱全，而且补而不峻、滋而不腻。春天正是升发正气的最佳时机，需要补充元气和温补脾肾的朋友们不妨煲一煲这款靓汤吧。

红参 20 克　　　　　生白术 30 克　　　　羊肉 500 克　　　　生姜 3 片
（或白参 30 克）

1. 将红参（或白参）和生白术浸泡 30 分钟。
2. 将羊肉洗净、切块，倒入少许料酒腌制片刻，再用生姜汆水。
3. 将所有主料一起放入瓦煲，加入清水 2500 毫升（约 10 碗水），用武火煮沸后改文火慢熬 2 小时左右，进饮时加入适量盐温服即可。

猴腿菜滚蛋花猪肉片汤

　　猴腿菜，学名蹄盖蕨菜，每年春季采摘，是东北长白山地区的常见山珍。猴腿菜含有多种营养素，味道鲜美独特，药用价值与蕨菜相似，是著名的药食两用之品。现代营养学研究发现，常吃猴腿菜能补铁、锌，促进儿童及青少年的生长发育，增强记忆力，延缓大脑衰老，减少毒素的吸收等。中医认为，猴腿菜具有清热解毒、润肺理气、补虚舒络、止血杀虫的功效，经常食用可辅助治疗高血压、头昏、子宫出血、关节炎等病症，并对春季麻疹、流行性感冒有一定的预防作用。

制作

1. 将干品猴腿菜冲洗干净，放入盆内用开水浸泡软，切成小段。

2. 将猪瘦肉切成片，用花生油、盐、生抽腌制片刻；鸡蛋取蛋清打散备用。

3. 铁锅烧热，放入少许花生油和生姜片爆香，加入猴腿菜段和猪瘦肉片爆炒片刻，加入清水 1500 毫升（约 6 碗水）煮沸。

4. 滚 3 分钟后冲入蛋清，搅拌均匀后加入适量盐和胡椒粉温服即可。

主料

干品猴腿菜 100 克
猪瘦肉 150 克
鸡蛋 2 个
生姜 2 片

干品猴腿菜

猪瘦肉

分量
3~4 人份

功效
益胃清肠
润肺解毒

养生杂粮羹

早春雨水节气，乍暖还寒，人们的活动相对较少，代谢也相对缓慢，身体容易堆积脂肪。加上大家普遍都喜欢进食大鱼大肉，营养容易过剩。特别是脂肪肝、血脂高、肥胖人士应该尽可能平衡膳食，食物要尽量多样化。大家平时不妨多吃些杂粮，例如小米、玉米、荞麦、高粱、燕麦等，会对我们人体更加有益。

为大家推荐一款能够益脾健胃、平衡营养的养生杂粮羹。这款汤羹营养丰富，口感香糯，是老少皆宜的养生汤品。

制作

1. 将土豆和番茄去皮，切成小粒；芝士切成小粒；鸡蛋打散备用。
2. 将小米洗净后放入瓦煲，加入清水 2000 毫升（约 8 碗水）浸泡 15 分钟，用武火滚沸。
3. 加入土豆粒、玉米粒、番茄粒和芝士粒，改用中火边煮边搅拌，大概 15 分钟。
4. 倒入鸡蛋液搅拌开，加入适量盐即可。

主料

玉米粒

芝士

土豆 1 个
小米 20 克
玉米粒 50 克
番茄 1 个
鸡蛋 1 个
芝士适量

分量
3~4 人份

功效
益脾健胃
平衡营养

核桃黑木耳煲泥鳅汤

有些上班族经常工作忙碌，睡眠不足，加上雨水节气的湿气困遏肌体阳气，对他们的精神状态和身体状态都有不少的影响。所以为大家准备一款有益气养血、补肾驻颜功效的核桃黑木耳煲泥鳅汤，帮助大家克服因紧张工作带来的身体疲劳、面色黯淡等症状。

汤中的核桃仁能补肾益脑，老少皆宜；黑木耳入血分，有养血活血、降脂瘦身的功效，多食会令人肌肤红润、容光焕发；泥鳅有"水中人参"的美称，能够补中益气、益肾助阳。

制作

1. 将猪脊骨洗净后斩大块。
2. 将泥鳅洗干净，连同猪脊骨一起放入锅中汆水，除去泥鳅身上的黏液。
3. 将干品黑木耳浸泡开；大枣去核。
4. 将除泥鳅之外的其余主料一起放入瓦煲内，加入清水 2500 毫升（约 10 碗水），先用武火煮沸，再改文火慢熬 1 小时。
5. 加入泥鳅，继续煲 30 分钟左右，加入适量盐温服即可。

主料

核桃仁 50 克

干品黑木耳 10 克

大枣 5 枚

泥鳅 150 克

猪脊骨 150 克

生姜 3 片

核桃仁

泥鳅

分量
3~4 人份

功效
益气养血
补肾驻颜

芹菜白胡椒白萝卜丝滚白贝汤

　　雨水节气的养生要把握以下三个要素：防"倒春寒"、健脾祛湿、养肝助阳。推荐一款雨水节气的代表靓汤——芹菜白胡椒白萝卜丝滚白贝汤。

　　芹菜是春令的应季蔬菜，入肝经，有平肝阳、疏肝气、养肝阴的食疗功效，也是高血压、糖尿病、习惯性便秘患者的理想型辅助治疗蔬菜。天冷湿困之时最宜以白胡椒入汤，具有祛寒除湿、温中暖胃之功效。白萝卜入汤能清润益气，是兼具消滞祛湿、理气和胃功效的大众化食材。白贝则是有"江南第一鲜"之美称的贝类，广东沿海的老百姓多用其来滚汤或煮粥食用，可以提鲜、滋阴益气。这道汤味道清润鲜美，有暖胃益气、散寒祛湿的功效，男女老少皆宜饮用。

制作

1. 用淡盐水养白贝 12 小时后洗净。
2. 将白胡椒用刀背稍敲裂；白萝卜洗净，去皮，切成丝；将芹菜洗净，去叶留茎，用刀背将芹菜茎拍扁后切段。
3. 起油锅爆香生姜，放入白贝稍炒片刻，加入清水 2000 毫升（约 5 碗水）。
4. 用武火煮沸后依次加入芹菜段、白萝卜丝和白胡椒粒，再用武火滚沸约 10 分钟。加入适量盐、生抽调味后温服即可。

主料

芹菜 300 克
白胡椒 10 粒
白萝卜 400 克
白贝 600 克
生姜 3 片

白胡椒

白贝

分量
3~4 人份

功效
暖胃益气
散寒祛湿

分量
3~4 人份

功效
祛风理气
健脾补肾

川芎淮山炖老鸽汤

中医认为，春日的气候特征以"风"气为主。风邪侵袭人体致病有4个特点：一是伤人上部，容易伤风感冒；二是风邪善行数变，上下窜扰，病变范围广，如头风、腰腿痹痛等；三是"风胜则动"，以动为特点，出现抽搐、痉挛、颤抖、颈项强直等表现；四是兼夹为病，风邪易与湿邪相结合侵袭脾胃，可见消化不良、腹胀、腹泻等脾胃受损的症状。

川芎是"血中之气药"，味辛，性温，有活血行气、祛风止痛的功效，对春日风邪引起的头目眩晕、头痛不适等有一定的辅助治疗作用。因老鸽滋阴、乳鸽质嫩，所以做菜我们用乳鸽，煲汤就用老鸽。此汤饮再加上淮山来健脾祛湿，实为春季的一款养生靓汤。

川芎 20 克　　　　淮山 250 克　　　老鸽 1 只（约 400 克）　　猪瘦肉 150 克

生姜 3 片

制作

1. 将淮山去皮，切块，用清水浸泡。
2. 将老鸽宰洗干净，切块；猪瘦肉洗净后切小方块，与老鸽一起氽水备用。
3. 将所有主料一起放入瓦煲，加入清水 1500 毫升（约 6 碗水）。
4. 加盖后隔水炖 3 小时，进饮时加入适量盐即可。

韭菜绿豆芽滚猪红汤

入春以来，雾霾天特别多。雾霾对人们的健康影响很大，有专家指出它比"二手烟"对人肺部的影响还大。

广东民间有"食猪红，清尘埃"的说法。将猪红与春日时蔬韭菜和绿豆芽为汤，清洁肠道的同时还有间接补益肺脏的作用。

制作

1. 将各物洗净；韭菜切段；猪红切块；生姜切丝；蒜拍碎。
2. 在铁锅中加入清水 1500 毫升（约 5 碗水）和生姜丝、蒜碎，用武火滚沸。
3. 放入猪红块滚至熟，再依次放入绿豆芽和韭菜段，滚至熟。
4. 加入少许花生油和盐，稍滚片刻即可。

主料

绿豆芽

猪红

韭菜 100 克

绿豆芽 100 克

猪红 500 克

生姜 4 片

蒜 2 瓣

分量
3~4 人份

功效
助阳益胃
宽中清肠

雨水健脾开胃汤

　　不知不觉雨水节气已经接近尾声了，这个时候气温乍暖还寒、忽高忽低、变化较大。为了抵御渐退的寒气，从衣着打扮上，应该注意保暖，实行"春捂"；而汤饮方面，要注意健脾暖胃，和中消食。

　　这款汤饮选用的麦芽与谷芽同属脾、胃二经，都有消食健胃的功效，往往协同使用以增强疗效。麦芽善消面食积滞，还可以治疗小儿乳食消化不良的吐乳等症，并有疏肝行气的功效；谷芽则以消谷食积滞为长，能促进消化而不伤胃气。再搭配上能够理气开胃、温脾化湿的砂仁，使此汤的健脾开胃之功增强不少。

制作

1. 将炒麦芽、炒谷芽浸泡 30 分钟左右；大枣去核。
2. 将猪䐂肉汆水后切大方块。
3. 将除砂仁外的其余主料一起放入瓦煲，加入清水 2000 毫升（约 8 碗水），先用武火煲沸，再改文火慢熬 1 小时。
4. 放入砂仁，再煲 15 分钟，加入适量盐温服即可。

主料

炒麦芽 30 克
炒谷芽 30 克
砂仁 10 克
猪䐂肉 500 克
大枣 5 枚
生姜 2 片

炒麦芽

炒谷芽

分量
3~4 人份

功效
健脾开胃
和中消食

第三章

惊蛰

（公历3月5、6或7日）

分量
3~4 人份

功效
疏肝排毒
清解郁热

疏肝排毒汤

　　传说雷电在秋天入土，春耕时农民一锄地，雷电就会破土而出，于是一声惊雷唤醒所有冬眠的动物，这就是惊蛰。惊蛰到、地气通，此时的地气，是阳春初出的清新之气。只有惊蛰节气到了之后，轰轰烈烈的春播才开始。惊蛰节气过后，人体内的"火"慢慢上升，但由于"倒春寒"的气候特点，毛孔还是紧闭的，因此体内特别容易形成郁热而出现"上火"症状。这时的饮食就应以疏肝解郁、排毒降火为主，不宜吃过于辛辣、燥热的食物。

　　咸猪骨是广东人常用来煲汤和煲粥的食材，他们认为经过腌制的咸猪骨有下火清热、滋阴益髓的功效。芦笋是初春的蔬菜，能疏肝解郁。牛蒡是药食两用之品，其味苦、微甘，性凉，能清热解毒、疏风利咽、消肿，可用于风热感冒、咳嗽、咽喉痛、疮疖肿毒、脚癣、湿疹等春季易发的一些病症。这款疏肝排毒汤，不仅滋味鲜香，而且十分应季，正是惊蛰节气非常实用的家庭靓汤。

黄豆 50 克　　　　芦笋 100 克　　　　鲜牛蒡 150 克　　　咸猪骨 250 克

生姜 3 片

制作

1. 将黄豆隔夜浸泡；芦笋切小段；鲜牛蒡去皮后切片；咸猪骨斩大块。
2. 将黄豆、咸猪骨和生姜片放入瓦煲，加入清水 2000 毫升（约 8 碗水），先用武火煮沸，再改文火慢熬 1 小时。
3. 加入芦笋段和鲜牛蒡片再煲 30 分钟，进饮时根据个人口味不加盐或少放盐即可。

分量
3~4 人份

功效
利咽生津
润肺止咳

雪梨岗梅根炖猪瘦肉汤

在《月令七十二候集解》中就有对惊蛰的记载："二月节……万物出乎震，震为雷，故曰惊蛰，是蛰虫惊而出走矣。"我国民间素有"惊蛰吃梨"的习俗。

梨性寒，味甘，入肺、胃经，有清热养阴、利咽生津、润肺止咳化痰的功效。春季是万物复苏的季节，很多细菌开始活动繁殖，易使人患呼吸道疾病。而梨既可以生津润肺，又可以止咳化痰，有助于防治呼吸道感染性疾患，特别适合这一季节食用。但因其性质寒凉，建议不宜一次食用过多或过于频繁食用，否则反伤脾胃。岗梅根又称为点秤星、土甘草，是地道的南药，其味苦、微甘，性凉，归肺、脾、胃经，有清热解毒、生津止渴、利咽消肿、散瘀止痛的功效，临床多用于感冒发热、肺热咳嗽、热病伤津口渴、咽喉肿痛、跌打瘀痛等病症的治疗。此汤饮性凉，脾胃虚寒者和孕妇应少饮用。

| 雪梨 400 克 | 岗梅根 30 克 | 猪瘦肉 150 克 | 生姜 2 片 |

1. 将雪梨洗净，呈"十"字切开，去核，切成块。
2. 将猪瘦肉洗干净后汆水，切大方块。
3. 将所有主料放入炖盅，加入清水 1500 毫升（约 6 碗水）。
4. 加盖，隔水炖 3 小时，进饮时加适量盐温服。

玫瑰花鸡蛋红糖饮

其实玫瑰不一定只拿来送"女神"，还可以用来煲汤给"女神"调理身体。玫瑰花性温，味甘、微苦，归肝、脾经，有疏肝解郁、活血调经和淡斑美肤的功效，可以用来辅助治疗女性肝郁血瘀型痛经、经前紧张综合征等，还可以改善黄褐斑的色素沉着。而大枣、生姜和红糖又是女性朋友常用的可以温中、养血、散寒的茶饮材料。将它们合而为汤，使汤品气味芬芳、口感甜爽、功效加成，相信会成为"女神"青睐和信任的"闺蜜"。

制作

1. 将大枣去核，干品玫瑰花冲洗干净。
2. 将鸡蛋与大枣、生姜片放入瓦煲，加入清水750毫升（约3碗水），用武火煮沸后滚10分钟。
3. 将鸡蛋取出剥壳，再放入瓦煲内煲5分钟左右。
4. 根据个人口味加入适量红糖即可。

主料

干品玫瑰花 15 克

干品玫瑰花

鸡蛋 2 个

大枣 4 枚

生姜 2 片

红糖

红糖适量

大枣

分量
2 人份

功效
疏肝解郁
活血暖宫

薏米红枣木瓜甜汤

为了维持美丽动人的状态，许多女同胞常常会花不少钱去买各类的保养品、护肤品，而且为了保持身材苗条不惜去节食。其实美丽要由内而外展现，从中医角度来看，气色好、皮肤红润才是真正健康的美丽，所以光靠护肤品和节食是不行的。

平时除了适当的运动之外，女士们不妨配合饮用这款既能养颜又能瘦身的汤水——薏米红枣木瓜甜汤吧，会令纤体护肤的效果加倍，不过记得要持之以恒疗效才更好。此汤饮中，薏米功擅利水渗湿，木瓜含有天然的植物雌激素，红枣和枸杞子养血美颜，常服可令女子容颜保鲜。

制作

1. 将木瓜洗净去皮，切块；大枣去核。
2. 将薏米、大枣和枸杞子放入瓦煲，加入清水 1500 毫升（约 6 碗水），用武火煮沸后改文火慢熬 40 分钟。
3. 加入木瓜再煲 15 分钟。
4. 放入适量冰糖，稍煮 5 分钟即可。

主料

薏米 60 克
大枣 6 枚
枸杞子 30 克
木瓜 500 克

木瓜

薏米

分量
3~4 人份

功效
祛湿瘦身
养血美颜

五指毛桃骨碎补扁豆煲猪脊骨汤

所谓惊蛰，是指天气回暖、春雷作响、昆虫惊醒的时候，从此开始大地回春，我们也可以好好地舒展下筋骨。春天锻炼身体很有讲究，经过一个冬季，身体各脏器的功能仍处在比较低的状态，四肢关节、肌肉还处在"苏醒前期"，所以初春的运动只要将身体舒展开就好，不必过于剧烈。再加上春季是肝气最活跃的季节，体内阳气已经开始升发，大家在锻炼身体的同时可以吃些养肝健脾的食物来助阳。但需注意的是，此时肝气容易亢奋，所以春季宜"温食"，不宜"温补"。

给大家介绍一款能够利湿邪、舒筋骨、益肝肾的汤水——五指毛桃骨碎补扁豆煲猪脊骨汤。那些经常在电脑前伏案工作以致颈肩腰背发紧或疼痛的人士不妨多喝几碗。

制作

1. 将猪脊骨洗净，斩块后氽水备用。
2. 将所有主料放入瓦煲内，加入清水 2000 毫升（约 8 碗水），用武火煮沸后改文火慢熬 2 小时，进饮时加入适量盐温服即可。

主料

五指毛桃根 50 克
骨碎补 30 克
炒白扁豆 50 克
猪脊骨 500 克
生姜 3 片

骨碎补

五指毛桃根

分量
3~4 人份

功效
利湿邪
舒筋骨
益肝肾

杞菊白贝滚沙丁鱼汤

中医认为，春季对应肝脏，而肝开窍于目，所以春季是养肝护目的大好季节。现在的年轻人大多是"手机党""低头族"，整天面对着手机和电脑屏幕，对眼睛的伤害非常大。眼疲劳其实是一种病，它除了会引起眼干、眼涩、眼酸胀之外，还可能会导致视物模糊甚至视力下降。

菊花含有丰富的维生素 A，有清肝明目的功效，特别对于肝火旺盛、用眼过度导致的双眼干涩有一定的改善作用。枸杞子同样是养肝明目的常用食材，还可以滋补肝肾，对经常感到疲劳、体力不济的"亚健康"人群有明显疗效。白贝和沙丁鱼都是富含牛磺酸的海产品，多食有助于保持良好的视力。这款汤尤其适用于出现眼干、眼涩、视物模糊等症状或者长期从事电脑工作的人群作为养肝护眼之用。

制作

1. 将沙丁鱼宰洗干净；枸杞子和菊花稍浸泡。
2. 将猪瘦肉切成肉片，用花生油、盐、生抽腌制片刻。
3. 铁锅烧热，放入少许花生油和生姜片爆香，再放入沙丁鱼煎至两面微黄。
4. 锅里加入清水 1500 毫升（约 6 碗水）煮沸，依次加入白贝、猪瘦肉片、枸杞子和菊花滚 10 分钟左右至熟，进饮时加入适量盐温服即可。

主料

枸杞子 15 克
菊花 10 克
白贝 200 克
沙丁鱼 150 克
猪瘦肉 100 克
生姜 3 片

白贝

沙丁鱼

分量
3~4 人份

功效
养肝明目
缓解眼疲劳

分量
3~4 人份

功效
温肾壮腰
暖胃祛湿

胡椒根黑豆煲猪腰汤

　　民间谚语有云："未食五月粽，寒衣勿入柜"，说的就是"倒春寒"的气候特点。气象学中，春季期间会受较强冷空气频繁袭击，气温下降较快，并持续时间长达 1~2 周以上，这段前暖后冷的气候被称为"倒春寒"。中医认为，"春夏养阳"，宜"春捂秋冻"，特别是"倒春寒"的时候一定要助阳升发，避免饮食寒凉而伤及人体阳气。尤其对于虚寒性质的慢性病患者来说，更要注意这一点。

　　胡椒根有温中散寒、下气消痰的功效。多用于胃寒呕吐、腹痛泄泻、食欲不振、脾虚痰多等病症。中医认为黑色入肾，黑豆乃"肾之谷"。黑豆补中有泻，能补肾益阴、健脾利湿、除热解毒；再加上猪腰子可以补肾壮腰，属于肾经的引经食材。将它们合而为汤，特别适合"倒春寒"气候时，用来平补平泄、温阳利湿之用。

猪腰子 1 对（约 560 克）

胡椒根 15 克

黑豆 50 克

大枣 5 枚

猪腒肉 100 克

生姜 3 片

1. 将黑豆隔夜浸泡；猪腰子去筋膜、切花，再用料酒和盐腌制 10 分钟左右，之后冲洗干净余水备用。

2. 大枣去核；猪腒肉余水、切大方块。

3. 将所有主料放入瓦煲内，加入清水 2000 毫升（约 8 碗水），先用武火煮沸，再改文火慢熬 2 小时，加入适量盐温服即可。

分量
3~4 人份

功效
暖胃补肝
养血明目

枸杞辣椒叶滚猪肝汤

惊蛰时节，广东地区正遭遇"倒春寒"气候，时而下雨，时而晴天，早晚温差还是比较大。这种气候之下最容易使人疲劳乏力，人们迫切需要进食一些有温中焦、祛寒湿作用的食物来醒脾提神。从中医养生理论来说，春日宜养肝。建议大家多用滚汤的烹制方法，多饮用一些清淡芳香的靓汤，少饮用肥腻碍脾的汤水。

辣椒叶是近年来兴起的可以做汤，也可炒用的时蔬。春季的辣椒叶正当时，新鲜嫩绿，既能祛寒暖胃、补肝明目，又可治疗消化不良、胃肠胀气、胃寒不适等病症，对身体非常有益。枸杞子是老百姓常用的滋补肝肾、养肝明目的药食两用之品。猪肝，从中医"以形补形"的思想来说，有补肝养肝的作用。《千金方》中记载猪肝"主明目"；《本草再新》认为它能"治肝风"。

枸杞子 20 克　　　　　辣椒叶 400 克　　　　　猪肝 200 克　　　　　生姜 3 片

制作

1. 将辣椒叶洗净，切成段。
2. 将猪肝洗净、切薄片，用生粉、生抽、花生油各 1 茶匙拌匀后腌制 15 分钟。
3. 于铁锅中加入清水 2000 毫升（约 10 碗水）、生姜片和枸杞子，用武火煮沸后加入猪肝片稍滚片刻。
4. 加入辣椒叶段滚至刚熟，加入适量盐温服即可。

分量
3~4 人份

功效
助阳益肝
温中健胃

春韭滚泥鳅汤

　　韭菜，又叫起阳草，因为春天正是韭菜生长和上市的好时节，所以又称韭菜为春韭。韭菜味甘、辛，性温，《本草拾遗》中认为它能"温中，下气，补虚，调和腑脏，令人能食，益阳……"泥鳅肉质细嫩、味道鲜美、营养丰富，有补中益气、养肾益精的功效，对调节性功能也有一定的促进作用。所以不论男女老幼，常食泥鳅均可滋补强身，尤其适宜病后身体虚弱、脾胃虚寒、营养不良或体虚盗汗者食用。

　　将泥鳅和韭菜一同煮汤，二者协同互补。一来韭菜独特的芳香味道能制约泥鳅的泥腥味，二来两者均可助阳益肝，非常切合春季需要助阳升发、养肝温中的养生特点。此汤色白如奶，汤味鲜甜芳香，适合一家老少饮用。

韭菜 300 克　　　泥鳅 500 克　　　猪瘦肉 100 克　　　生姜 3 片

胡椒粉适量

制作

1. 将韭菜洗净、切段；猪瘦肉氽水后切薄片。
2. 将泥鳅去除内脏，用开水烫洗去除表面黏液。
3. 锅里加入少许花生油和生姜片爆香，加入泥鳅煎至微黄，加入少许清水煮沸，关火备用。
4. 另取瓦煲，加入清水 1750 毫升（约 7 碗水），用武火煮沸。
5. 再把煎好的泥鳅和汁水以及猪瘦肉片一起倒入瓦煲内，加入少许料酒，转中火煮沸，再煮 10~15 分钟。
6. 当汤变成奶白色后加入韭菜段，滚至刚熟后加入适量盐和胡椒粉，趁热服用。

金樱子山药炖老母鸡汤

春季乍暖还寒，气候多变，一旦人体抵抗力减弱，对环境的适应力下降，就容易诱发呼吸道和消化道疾病。虽然最近气温有所回升，不过早晚温差较大。人一受寒，就会对胃肠形成刺激，胃肠蠕动就会加快，容易出现胃胀、腹泻等不适。

金樱子，药书《蜀本草》谓之能"治脾泄下痢"。临证多用于治疗脾虚失运、气虚久泻等。而淮山能健脾和中，养生功效平和，具有补而不热、温而不燥的特点，对脾胃养护很有益处，并且对脾虚腹泻有一定的缓解作用。此汤中再加入能够补脾益气的党参，可进一步提高机体的抗病能力，尤其适合大便时溏时泻、迁延反复，完谷不化，纳呆等属春季脾虚证型的人多饮用。

制作

1. 将淮山去皮后切块；老母鸡宰洗干净后斩块，氽水；大枣去核。
2. 将所有主料放入炖盅内，加入清水 1500 毫升（约 6 碗水），加盖后隔水炖 3 小时，进饮时加入适量盐温服即可。

主料

金樱子

淮山

金樱子 20 克
淮山 200 克
党参 20 克
老母鸡 250 克
大枣 5 枚
生姜 3 片

分量
3~4 人份

功效
健脾止泻
益气养胃

菠菜枸杞滚生蚝汤

俗话讲"一年之计在于春"，春天是播种希望的季节，所以很多职场人士工作压力都很大，经常加班熬夜、精神紧张，女士容易气血不足，男士容易肾气不足。加上空气中湿气较重，就会突出表现为整个人都没有精神、困倦乏力，俗称"春困"。这时不妨停下来，为自己的身体充充电、加加油。

这款菠菜枸杞滚生蚝汤可以起到平补气血，益肾助阳的作用。其中的菠菜富含铁、钙等元素，具有养血、润燥的食疗功效。枸杞子可以补肝肾、抗疲劳，对于那些肾气不足表现为容易疲劳、眼睛干涩的人士非常适合食用。生蚝味道鲜美，富含锌元素，是理想的能够补肾益精的食物之一。

制作

1. 将菠菜择洗干净，切段；生蚝开壳取肉，洗净；猪脹肉洗净后切片。
2. 锅里加入清水 2000 毫升（约 8 碗水）和生姜片煮沸，加入猪脹肉片和枸杞子滚约 5 分钟。
3. 加入菠菜段滚至熟，再加入生蚝肉滚 5 分钟左右，加入适量盐和花生油温服即可。

主料

菠菜 400 克
生蚝 250 克
枸杞子 20 克
猪脹肉 150 克
生姜 2 片

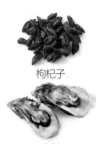

枸杞子

生蚝

分量
3~4 人份

功效
平补气血
益肾助阳

宽筋藤薏米煲鹿筋汤

春雨绵绵时也正是关节痹痛的高发季节，在此推荐一款家庭靓汤——宽筋藤薏米煲鹿筋汤。汤中的宽筋藤味苦，性凉，有祛风除湿、舒筋活络的功效。薏米性微寒，擅于健脾渗湿、除痹止痛，多用于关节湿热痹痛的治疗。鹿筋性温，味淡、微咸，入肝、肾二经，能强壮筋骨、祛风湿，《本经逢原》中曰鹿筋能"大壮筋骨，食之令人不畏寒冷"。

本款药膳汤品攻补兼施、阴阳并调，具有健脾祛湿、除痹通络、强筋壮骨的功效，既符合"春夏养阳"的养生原则，又能治疗湿困导致的筋骨酸软痹痛等。除此之外，还可辅助治疗慢性腰腿痛、四肢麻痹、关节酸痛、腰膝冷痛等病症。

制作

1. 将大枣去核；猪脊骨洗净后斩块，氽水备用；鹿筋洗净，用温水泡软后切段。

2. 将所有主料一起放进瓦煲内，加入清水 2500 毫升（约 10 碗水），用武火煮沸后改文火煲 2 小时。

3. 进饮时加入适量盐即可；还可将各物捞起拌酱油佐餐食用。

主料

宽筋藤 30 克
薏米 50 克
鹿筋 100 克
猪脊骨 200 克
大枣 6 枚
生姜 3 片

宽筋藤

鹿筋

分量
3~4 人份

功效
健脾祛湿
除痹通络
强筋壮骨

淮莲芡实炖鱼肚汤

　　春日可以适当进补，但不需大补，否则会对自身脾胃产生压力，容易造成积滞，或因虚不受补而出现上火等症状。这时就需要一些既能补益又不增加脾胃负担的食材，今天给大家介绍的这款靓汤就具备这些特点。

　　鱼肚是由鱼鳔经剖制晒干而成，有黄鱼肚、回鱼肚、鳗鱼肚等种类，主要产于我国沿海及南洋群岛等地，因其营养丰富、疗效较好，所以又有"海味中药"的称号。《本草纲目》中记载："鱼肚能补肾益精，滋养筋脉"，有滋阴养颜、补血补肾、强壮机体的功效。春日里如果出现腰膝酸软、头晕眼花等身体虚弱的表现，用鱼肚来滋补就最适宜不过了。而淮山、莲子、芡实都是药食两用之品，性质平和，均含有丰富的营养成分，经过炖煮之后很容易被人体消化吸收，且不易上火，三者都可入脾、肾二经，合用具有健脾、补肾、益精的功效。

制作

1. 将鱼肚泡发后汆水、切块；猪瘦肉洗净，汆水后切成大方块。

2. 将所有主料一起放入炖盅内，加入清水 1500 毫升（约 6 碗水），加盖隔水炖 3 小时，进饮前加入适量盐即可。

主料

淮山、莲子、芡实各 45 克

鱼肚 200 克

猪瘦肉 200 克

生姜 3 片

芡实

鱼肚

分量
3~4 人份

功效
健脾养胃
滋阴补益

生地土茯苓黑豆煲猪排骨汤

一些地方的春天湿气比较重，所以不少朋友会出现皮肤瘙痒，手指、脚趾起小水疱，或者出现皮肤湿疹甚或皮肤过敏等症状，这都是由于湿热或者湿毒之邪浸淫肌肤、祛散不及所致。

生地黄有清热凉血、养阴解毒之功，《本草新编》中记载："生地，凉头面之火，清肺肝之热。"土茯苓是治疗梅毒的要药，《本草正义》谓之："利湿去热，能入络，搜剔湿热之蕴毒……故专治杨梅毒疮。"黑豆入肾经，清中带补，可泄湿浊而不伤正气。所以体虚之人要想祛湿，黑豆是首选。此汤品汤性平和而兼益，对于春季出现皮肤瘙痒症状，或属于血热湿滞、湿毒羁留肌表的湿疹患者有很好的辅助治疗作用。

制作

1. 将黑豆隔夜浸泡；鲜土茯苓去皮，切块；猪排骨洗净后斩段，汆水备用。
2. 将生地黄和鲜土茯苓块用汤料袋装起来，再将袋口扎好。
3. 将所有主料放入瓦煲内，加入清水 2000 毫升（约 8 碗水），用武火煮沸后改文火慢熬 2 小时，进饮前加入适量盐即可。

主料

生地黄

鲜土茯苓

生地黄 20 克
鲜土茯苓 150 克
黑豆 100 克
猪排骨 400 克
生姜 2 片

分量
3~4 人份

功效
凉血解毒
祛湿补益

黑豆桑寄生枸杞鸡蛋茶

　　惊蛰乃封藏之气震动而出，古有"春雷惊百虫"的说法，意思是说春雷响起，蛰伏的动物也惊而出走。此时人的肝气也应顺时升发，当肝气虚弱使得升发无力时，人就会抑郁；当肝气过旺使得升发过度时，人就会暴怒。所以同样的季节针对不同的人，保健养生方法也会有所不同。这就是辨识个人体质的价值所在。

　　春天要养肝，关键是养肝血、疏肝气和平肝阳。桑寄生就是物美价廉的养肝中药材，具有补肝肾、强筋骨、祛风湿和安胎的功效，尤其适合妇女和老年人作为食疗之用。而黑豆入肾经，有补肾、活血、利水、解毒的作用，配合桑寄生能补而不燥。此汤品还搭配了枸杞子和龙眼肉来补肝肾、养气血和安心神，既美味，又养生。多饮此汤可以起到强壮腰膝，延缓衰老和安神助眠的作用。需要注意的是，湿热体质的人士要少饮用。

制作

1. 将黑豆隔夜浸泡；大枣去核。
2. 将所有主料放入瓦煲内，加入清水750毫升（约3碗水），用武火煮沸后改文火慢煲30分钟。
3. 将鸡蛋取出，剥掉鸡蛋壳再放进瓦煲内煲15分钟。
4. 食用时可根据个人口味加入适量红糖即可。

主料

黑豆 50 克	大枣 6 枚
桑寄生 15 克	鸡蛋 2~3 个
枸杞子 15 克	生姜 3 片
龙眼肉 10 克	红糖适量

分量
2~3 人份

功效
养肝血
平肝阳
祛风湿

第四章

春分

（公历3月19、20或21日）

石斛莲子野菊炖水鸭汤

春分是气温的分水岭，春分过后就告别寒冷的天气，正式进入暖季。人体内的火气开始逐渐旺盛，此时容易心火燥盛而出现口舌生疮、牙痛、眼睛红肿、长痘痘或者心烦失眠等症状。这款应节汤饮——石斛莲子野菊炖水鸭汤，就能很好地帮助我们养阴清火、调节时气。

石斛是常用的药食两用之汤料，有益胃生津、养阴清热的功效，每年5月以前采摘的石斛所含的胶质会更丰富一些，用它来炖汤不但味道微甜，而且功效也更好些。莲子擅于清心安神。野菊花比普通菊花的清热解毒力度要大一些，能平肝火、息肝风、解热毒，对于春末夏初的心肝火盛所致的头痛目赤、眩晕口苦、烦躁失眠等症有很好的疗效。春季的水鸭食疗效果最好，其性平而味甘，有补中益气、和胃消食、利水消肿之功效，水鸭还能制约石斛和野菊花的寒凉之性，起到调中补益的作用。

主料

石斛 20 克

莲子 50 克

野菊花 5 克

水鸭肉 600 克

猪瘦肉 150 克

生姜 3 片

制作

1. 将石斛、莲子和野菊花清洗干净。
2. 将水鸭肉切块后和猪瘦肉一起氽水；猪瘦肉氽水后切成大方块备用。
3. 将所有主料一起放入炖盅，加入清水 1500 毫升（约 6 碗水），加盖后隔水炖 3 小时左右，进饮时加入适量盐温服即可。

拍姜芫荽滚鸡杂汤

　　广东汤的烹调是丰富多彩的，生姜的运用也是多种多样的。生姜作为佐料时可祛寒去腥；作为中药时可"温中祛湿"（《医学启源》），又可"益脾胃散风寒"（《珍珠囊》）。正如《药鉴》中所说，其"气味俱厚，升也，阳也"。生姜的日常用法有切片、切丝、切块等。拍姜是南番顺一带民间的常用方法，即先将姜切大块状，再用刀背拍裂，使其气味更易于溢出。广东人所指的"鸡杂"，包括鸡肝、鸡心、鸡肾等，其部位不同，营养成分也各有不同，将其同用为汤，都有滋阴益髓的作用。拍姜芫荽滚鸡杂汤鲜香可口，能温中祛湿、养阴健脾，实为春雨纷纷时的一道大众化家庭靓汤。

制作

1. 将生姜去皮，切大块后用刀背拍裂；芫荽洗净，切段。

2. 将鸡杂洗净，切为片状，沥干水分，用生粉、生抽、花生油各1汤匙拌匀腌制片刻。

3. 起油锅，加入生姜爆香，加入鸡杂片翻炒片刻。

4. 加入清水1500毫升（约6碗水），用武火煮沸，放入芫荽段滚5分钟左右，进饮时加入适量盐温服即可。

主料

鸡肝

鸡肾

鸡心

生姜50克
芫荽50克
鸡杂（鸡心、鸡肾、鸡肝等）3副

分量
3~4人份

功效
温中祛湿
养阴健脾

大薯陈皮煲猪排骨汤

中医认为，脾为生痰之源，而春季是易生痰湿的季节，要想从根本上防止痰湿生成，需要在健脾上下功夫。

大薯的健脾功效很好，滋补能力也不错。大薯分为两种，一种是白芯，一种是紫芯。不论白芯还是紫芯，和淮山一样，都有健脾的功效。但比起淮山，大薯的健脾功效更强，而且平补不燥。更重要的是，大薯不但可以健脾，还可以滋养五脏六腑，各种体质的人士都可以长期食用。

制作

1. 将大薯去皮后切块；猪排骨斩段后汆水；陈皮稍浸泡后刮去里面的白瓤。
2. 将所有主料放入瓦煲内，加入清水 2000 毫升（约 8 碗水），用武火煮沸后改文火慢熬 1.5 小时，进饮时加入适量盐温服即可。

主料

大薯 500 克

猪排骨 400 克

陈皮 5 克

生姜 3 片

大薯

陈皮

分量
3~4 人份

功效
理气健脾
滋养五脏

分量
3~4 人份

功效
解表
祛湿
益胃利气

泥猛鱼滚大芥菜汤

　　春暖时的汤水及食疗多以辛凉、甘寒为主。辛能散表，凉能清泄，辛凉之品可疏散风热表邪；甘寒之品可养阴退热。有时也用辛温之品以疏散风寒表邪，投以淡渗芳香之品以利湿化湿。应知常达变，辨证施膳，这就是顺时养生。饮食方面总的原则宜清淡，忌肥腻。这款泥猛鱼滚大芥菜汤就是春暖时的代表汤品之一。

　　大芥菜味甘、苦，性凉，有宣肺豁痰、利气清热之功；泥猛鱼又名褐篮子鱼、臭肚鱼，因腹内有一股藻食鱼特殊的臭味而得名，但其肉质鲜美、风味独特、营养丰富。将二者合而为汤，既鲜甜味美，又能解表邪、祛湿热。

泥猛鱼 500 克　　　　大芥菜 500 克　　　　猪瘦肉 100 克　　　　生姜 3 片

制作

1. 将泥猛鱼宰洗干净（注意要把鱼肚子里的黑膜和鱼鳃清除干净，反复用水冲洗干净），在鱼身上斜切花纹。
2. 将大芥菜洗净，切段。
3. 将猪瘦肉洗净，切片，用少量花生油和生抽腌制 15 分钟。
4. 起油锅，加入生姜片爆香后放入泥猛鱼煎至两面微黄。
5. 加入清水 1500 毫升（约 6 碗水），用武火煮沸后，依次加入猪瘦肉片、大芥菜段，滚 5 分钟，进饮时加入适量盐温服便可。

分量
3~4 人份

功效
补脾益胃
清热利尿

塘葛菜蜜枣陈皮煲生鱼汤

　　春天正是万物生长的好时机，有很多药食两用的野菜时下正生长旺盛，且十分受大家喜爱。塘葛菜就是广受大家喜爱且适合现时用来煲汤的野菜之一。塘葛菜，别名蔊菜、野油菜，味甘、淡，性凉，归肺、肝经，有清热凉血、消肿利尿、止咳化痰等功效。生鱼俗称斑鱼或者黑鱼，具有祛瘀生新、滋补调养、健脾利水的食疗功效，还可辅助治疗水肿、脚气、营养不良等病症。生鱼与塘葛菜，一清凉，一滋养，既益脾胃，又清热毒。民间常用两者搭配煲汤，可辅助治疗急性肺炎、咽喉炎、肾炎水肿、小便不利等病症。

主料

| 鲜塘葛菜 200 克 | 生鱼 500 克 | 猪脹肉 200 克 | 蜜枣 2 枚 |

陈皮 5 克　　　　生姜 3 片

制作

1. 将生鱼宰洗干净；塘葛菜洗净后切去根部。
2. 将猪脹肉洗净，氽水后切大方块；陈皮稍浸泡后刮去里面的白瓤。
3. 起油锅，加入生姜片爆香后放入生鱼煎至两面微黄，加入清水 250 毫升（约 1 碗水）煮沸备用。
4. 将除生鱼外的其余主料放入瓦煲内，加入清水 2000 毫升（约 8 碗水），先用武火煮沸，改文火慢熬 1.5 小时。
5. 把锅里煎好的生鱼连同汁水一起倒入瓦煲内，再煲 30 分钟，进饮时加入适量盐温服即可。

分量
3~4 人份

功效
清肺热
化痰湿
顺肺气

鲜鱼腥草双杏薏米煲猪肺汤

　　进入暖季之后，上呼吸道感染患者增多，并且风热袭肺或痰热蕴肺证多见，患者多表现为咳嗽声重、痰黄或黄白相间、痰液质地黏稠、咽喉红肿不适、口干、舌尖红等症状。

　　鱼腥草，别名折耳根、狗贴耳，因其气味腥臭如鱼腥，故名之。鱼腥草是药食两用之品，其幼嫩鲜品常作蔬菜食用，贵州、广东等地的老百姓都喜欢吃新鲜鱼腥草的根或者叶。鱼腥草主要归肺经，可以泄肺热、祛痰止咳，常与南杏仁、北杏仁、薏米和桔梗等搭配，起到化痰排脓、宣降肺气的功效。这款汤品尤其适宜作为上呼吸道感染、肺炎、肺脓肿、肺结核等热性病的辅助治疗药膳汤饮。

鲜鱼腥草（全草）100 克

南杏仁 20 克

北杏仁 20 克

薏米 50 克

猪肺 1/2 副

猪瘦肉 150 克

生姜 3 片

制作

1. 将鲜鱼腥草洗净。
2. 将猪肺的气管口对准水龙头灌水，并反复挤洗，洗去血水和杂质。待猪肺颜色转淡后，切小块，放入锅里充分煮熟，取出再次漂洗，挤干肺内水分，最后切片备用。
3. 将猪瘦肉洗净，余水后切小方块。
4. 将所有主料放入瓦煲内，加入清水 2500 毫升（约 10 碗水），先用武火煮沸，再改文火慢熬 2 小时，进饮时加入适量盐温服即可。

鸡骨草扁豆煲猪脊骨汤

　　随着气温逐渐回升，湿热气候成为主要气候。鸡骨草是人们在春夏潮湿季节常用来煲汤的南药之一，其味甘、微苦，性凉，入肺、肝、胃经，有利湿退黄、清热和中、疏肝止痛之功效。常用于肝胆湿热之黄疸、胁肋不舒、胃脘胀痛等病症。而扁豆全身都是宝，它的果实（白扁豆）、果皮（扁豆衣）、花、叶均可入药。明代李时珍所著的《本草纲目》中说它是"脾之谷"，可以"通利三焦，能化清降浊，故专治中宫之病，消暑除湿而解毒也"。

　　纵观全汤，鸡骨草性偏凉，而白扁豆性微温，将二者与具有和中补益功效的蜜枣一起煲汤，刚好可以削弱鸡骨草的寒性，令本汤饮可以成为一家老少共饮的春末家庭靓汤。

制作

1. 铁锅烧热后倒入白扁豆，用中火炒至微黄，倒入碗内，加清水浸泡 2 小时。
2. 将干品鸡骨草清洗干净。
3. 将猪脊骨洗净，斩块后氽水备用。
4. 将所有主料放入瓦煲内，加入清水 2500 毫升（约 10 碗水），先用武火煮沸，再改文火慢熬 2 小时，进饮时加入适量盐温服即可。

主料

干品鸡骨草 50 克
白扁豆 100 克
猪脊骨 400 克
蜜枣 3 枚
生姜 2 片

白扁豆

干品鸡骨草

分量
3~4 人份

功效
清热祛湿
健脾和中

五指毛桃茯苓灵芝煲鸡壳汤

被称为"广东人参"的五指毛桃根历来是岭南民间流传甚广的煲汤料，其归肺、脾经，具有健脾补肺、行气利湿、舒筋活络的作用，常用其治疗脾虚浮肿、食少无力、肺痨咳嗽、盗汗、带下、产后无乳、月经不调、风湿痹痛、水肿等病症。茯苓和灵芝都属于真菌类中药材，所含的多糖类成分均有增强人体免疫力和辅助抗癌的作用。广东人所说的鸡壳即是"鸡骨架"，也就是去掉鸡胸肉、鸡翅膀、鸡腿、鸡内脏之后剩下的部分。鸡壳中肉少骨多，特别是软骨和硬骨均有，含有丰富的维生素和微量元素。正因为鸡壳已经剔除了大部分鸡肉，用它煲汤，一来汤味清甜又不会过于肥腻，二来更多鸡骨里的钙质溶入汤里，有益身体的同时还能令汤味更加清甜香醇。

这款靓汤不仅味道鲜美、气味芳香，对于支气管炎、慢性胃炎以及癌症化疗后属于肺脾气虚的病人也有很好的辅助治疗作用。

制作

1. 将中药材冲洗干净。
2. 将猪瘦肉和鸡壳洗净后一起汆水，之后将猪瘦肉切成小方块。
3. 将所有主料放入瓦煲内，加入清水 2000 毫升（约 8 碗水），用武火煮沸后改文火慢煲 2 小时，进饮时加入适量盐温服即可。

主料

灵芝

五指毛桃根

五指毛桃根 50 克

茯苓 30 克

灵芝 100 克

鸡壳 1 副

猪瘦肉 150 克

生姜 2 片

分量
3~4 人份

功效
益气扶正
健脾补肺

分量
3~4 人份

功效
养肝明目
理气疏肝

生地天冬菊花滚猪肝瘦肉汤

　　四季与人体的五脏有着密切的关系，如春季宜养肝，夏季宜养心，秋季宜养肺，冬季宜补肾。春季滋补肝脏，对人体的健康长寿有很好的作用。生地黄清热凉血、滋补肝肾，《神农本草经》谓之："久服，轻身不老。"天冬，上清肺热而润燥，下滋肾阴而降火。菊花有清肝明目之功效，再搭配上理气健胃的陈皮和养血柔肝、滋阴润燥的猪肝、猪瘦肉，共奏滋肝血、疏肝气、清燥热之功。

　　本汤品虽略带药材的甘、涩味，但不失清润可口，且具有清肝、养肝、疏肝的多重功效。同时也适宜肝血不足或肝气郁结之视物不清、心烦失眠、口干口苦、毛发不泽或白发早衰等病症的人群饮用。

主料

生地黄 30 克

天冬 20 克

干品菊花 10 克

陈皮 3 克

猪肝 150 克

猪瘦肉 150 克

生姜 2 片

制作

1. 将陈皮浸泡软后刮去白瓤，与生地黄、天冬、干品菊花一起装入汤料袋内，再将袋口扎好。
2. 将猪肝和猪瘦肉洗净，切成薄片，用少许花生油、生油、生粉和盐腌制 15 分钟。
3. 把汤料袋放入锅中，加入清水 2000 毫升（约 8 碗水）和生姜片，用武火煮沸后改文火慢滚 30 分钟。
4. 加入猪肝片和猪瘦肉片，滚至熟，进饮时加入适量盐温服便可。猪肝片和瘦肉片可捞起拌酱油佐餐食用。

分量
3~4 人份

功效
清肝明目
疏散风热

鲜桑叶滚猪肝瘦肉汤

　　春回大地，万物生发，此时正顺应人体肝脏的生理特点。广东人讲究"不时不食"，指的就是食用应季的果蔬来滋养身体。桑树抽枝发芽，鲜嫩的桑叶正是应季的蔬菜。中医认为，春季的桑叶又称为"桑芽菜"，食疗效果极佳，清肝养肝功效较好；而秋后霜打的桑叶又称为"霜桑叶"，用来入药为佳，其清肺润燥功效较好。此外，中医还认为，肝主目，《灵枢·脉度篇》云："肝气通于目，肝和则目能辨五色矣。"意思是说肝的病变往往能影响到目，若肝血不足，则两目干涩、视物不清或夜盲；肝经风热，可见目赤痒痛；肝火上炎，可见目赤生翳；肝阳上亢，则头目眩晕；肝风内动，则目斜上视等。

　　鲜桑叶滚猪肝瘦肉汤正是此时应季的节气靓汤，除了可作为春季风热感冒的辅助治疗药膳之外，还特别适合早起感到闷闷不乐、目眵多、眼睛昏蒙的肝气不疏兼有肝热的亚健康人群服用。

鲜桑叶 100 克

猪肝 200 克

猪瘦肉 200 克

生姜 2 片

制作

1. 将鲜桑叶洗净，切成小块（或者将干桑叶洗净后放入水中，煮 15 分钟左右后，去渣）。
2. 将猪肝和猪瘦肉洗净，切成薄片，用少许花生油、生油、生粉和盐腌制 15 分钟。
3. 锅里加入清水 1500 毫升（约 6 碗水）和生姜片，用武火煮沸后放入猪肝片和猪瘦肉片，滚至熟。
4. 加入鲜桑叶滚片刻，加入适量盐和花生油温服即可。猪肝片和瘦肉片可捞起拌酱油佐餐食用。

番茄薏米煲大鱼骨汤

　　广东的市场里有很多鱼档是专门有鱼骨出售的，鱼骨汤多用来补身体。薏米淡渗利湿，炒后健脾祛湿力度加强，且不会寒凉伤正气。番茄开胃消食，老少皆宜。生姜和胡椒粉温中和胃，香菜醒脾开胃，它们还可以去鱼腥味，使该鱼骨汤味道更加出众。不要认为煮熟以后番茄里面的维生素 C 会消失殆尽，其实维生素 C 还是挺耐热的，而且在番茄酸味的环境中会保存得更好。

　　本汤品汤性平和，汤味鲜美，老少咸宜，特别适合那些脾虚湿重，目眵较多或者大便溏稀之人服用。

制作

1. 将草鱼骨洗净后斩段；番茄洗净后切块。
2. 将薏米干炒至微黄。
3. 在锅内倒入适量花生油和生姜片一起爆香，放入草鱼骨两面煎香，加入适量清水煮沸。
4. 将草鱼骨、鱼骨汤与薏米一起倒入瓦煲内，加入清水 2000 毫升（约 8 碗水），先用武火煮沸，再改文火慢熬 1 小时。
5. 加入番茄块煮 10 分钟，加入香菜和适量胡椒粉调味，进饮时加入适量盐即可。

主料

草鱼骨

番茄 3 个

薏米 50 克

草鱼骨（取鱼身中段至鱼尾部分）500 克

薏米

生姜 3 片

香菜适量

胡椒粉适量

分量
4~5 人份

功效
健脾祛湿
开胃补益

春菜瑶柱猪排骨汤

　　春菜是春分节气的时令蔬菜，且属于食性较为平和之类，可以适当多食用一些。春菜和芥菜的外观和味道相似，很多人认为两者是同一种蔬菜。其实春菜是莴苣属的一种，味虽苦但属性却并不像芥菜那样寒凉。春菜味甘、苦，性凉，有利尿通便、消积下气的功效。适当食用春菜对于产妇来说还可以增加奶水，有助消化。本汤品中还加入了瑶柱这一佐品，瑶柱不仅有滋阴补益的功效，还可以增鲜。对于体质虚寒的人群来说，还可适量加点生姜片或胡椒粉同煮，效果更佳。

制作

1. 将春菜洗净，切段；猪排骨洗净后斩段，汆水；瑶柱洗净，稍浸泡。
2. 将排骨段、瑶柱和生姜片一起放入瓦煲内，加入清水 2000 毫升（约 8 碗水）。
3. 先用武火煮沸，再改文火慢熬 1 小时。
4. 加入春菜段，以中小火焖煮 10 分钟左右，加入适量盐温服即可。

主料

春菜

春菜 300 克

猪排骨 400 克

瑶柱 30 克

生姜 3 片

瑶柱

分量
3~4 人份

功效
清热养阴
消积下气

三丝斋滚汤

素食斋汤主要适合那些素食主义者或湿热体质人群、欲减肥人士以及醉酒后群体食用。豌豆苗是豌豆初生的芽，颜色碧绿可爱，味道清香爽口，富含抗氧化的维生素C。将豌豆苗配上胡萝卜、香菇一起滚汤，热量非常低，多吃也不怕胖。

这款靓汤色彩丰富，闻之清香扑鼻，喝之清新开胃，不但营养丰富，还能有效清除胃肠积热，非常适合平日因应酬繁多或肉食进补过多、胃有积热而见口干多饮、牙龈肿痛、口腔溃疡、面长痤疮的人群食用。素食者和一般人群亦适合饮用。

制作

1. 将鲜香菇和胡萝卜洗净，香菇切片状，胡萝卜切成丝；豌豆苗择好，洗净。
2. 锅里加入清水1500毫升（约6碗水）和生姜片。
3. 待水煮沸后依次放入香菇片和胡萝卜丝，滚5分钟。
4. 加入豌豆苗，滚至熟后加入适量盐和花生油即可饮用。

主料

胡萝卜 250 克
豌豆苗 50 克
鲜香菇 100 克
生姜 2 片

豌豆苗

鲜香菇

分量
3~4 人份

功效
利咽开胃
清热润燥

赤小豆当归煲鲫鱼汤

　　春分时节，阴雨天气较多，易被湿气困扰。湿邪缠绵，日久易阻遏经络。湿热体质的人士此时多发疮疡，平素有痔疮病的患者还常引起痔疮发作，究其病机，皆由湿热夹瘀蕴积而成。此汤谱是化裁于中医经典《金匮要略》中的名方——赤小豆当归散而成的。

　　汤中的鲫鱼蛋白质丰富，且含有多种的微量元素，易于消化吸收，是常用的利水祛湿的平和食材。赤小豆性平，味甘，具有清热、祛湿、利水的功效；当归味甘，性辛、温，具有补血活血的功效。赤小豆和当归合用可以清热活血，祛瘀生新。再加上小剂量的陈皮行气化湿，几片生姜温中和胃兼去腥味，令整个汤饮既达到补虚祛湿的功效，又可以使汤味平和好喝，特别适合春分节气因湿重夹瘀，上下焦瘀毒蕴积而导致的痤疮和痔疮反复发作的人群服用。

制作

1. 将鲫鱼宰洗干净。起油锅，放入生姜片爆香，将鲫鱼两面煎至微黄，加入少许清水煮沸备用。

2. 将赤小豆、陈皮及当归放入瓦煲内，加入清水1500毫升（约6碗水），用武火煮沸后改文火慢熬40分钟。

3. 把鲫鱼和鱼汤一起倒入瓦煲内，再慢煮20分钟至汤变成乳白色，调入少许盐温服即可。

主料

赤小豆 50 克

当归 15 克

鲫鱼 2 条（约 600 克）

生姜 2 片

陈皮 5 克

赤小豆

当归

分量
3~4 人份

功效
清利湿热
祛瘀解毒

分量
2~3人份

功效
扶正抑菌
消除疲劳

黑蒜清炖猪瘦肉汁

春分节气的尾段，临近清明，广东地区的湿度逐渐加大，时有梅雨天气出现。空气中湿度大时最容易滋生细菌和病毒，易致上呼吸道感染，特别是那些抵抗力差的人士更应注意。这时候既可以增强免疫力，又能够有效抑制细菌和病毒的食材，我推荐黑蒜。黑蒜又名发酵黑蒜，是用新鲜生蒜发酵后的产品。黑蒜在保留大蒜原有成分和功效的基础上，又把大蒜本身的蛋白质转化成了人体每天所必需的氨基酸，进而易被人体迅速吸收，对增强人体免疫力、恢复人体疲劳很有益处。难得的是，黑蒜来源于大蒜，但无大蒜的辣味，其味道酸甜，食后不会出现口臭、上火的情况。而且黑蒜含有较高的微量元素和维生素，具有很好的抗氧化、抗衰老的食疗功效。

本汤品搭配上猪瘦肉，用保持食材原汁原味的炖法烹饪，使这款靓汤营养价值甚高，清润而不上火，非常适合那些虚不受补又需要提高免疫力的人群食用。

黑蒜 1~2 个　　　　　猪瘦肉 300 克　　　　　生姜 2 片

制作

1. 将猪瘦肉洗净，用刀背敲打至肉质松软，再放入温开水中浸泡 10 分钟左右。
2. 将黑蒜剥开，冲洗干净。
3. 将所有主料一并放入炖盅内，加入清水 750 毫升（约 3 碗水）。
4. 加盖，隔水炖 1.5 小时左右，进饮时加入适量盐调味即可。

第五章

清明

（公历4月4、5或6日）

"一清二白" 防流感汤

"清明时节雨纷纷"，进入清明节气之后马上就应了这句古诗词。清明时节阴雨连绵，预防流感仍很关键。今天介绍的这款"一清二白"防流感汤用于春日风寒感冒初期，流行性感冒或者小儿麻疹、水痘初期疹出不透都十分合适。

新鲜的薄荷叶颜色青绿，气味芳香，性凉，有疏散风热、清利头目、利咽透疹、疏肝行气的功效。临床多用于风热感冒、咽喉肿痛、麻疹不透、胸闷胁痛等病症。葱白既可作为烹饪佐料，也可入药，《用药心法》中谓之能"通阳气，发散风邪"。而白萝卜味辛、甘，性凉，入肺、胃经，是常用的食疗佳品，有顺气消滞、化痰利咽、清热生津的功效。再加上健脾和中的猪瘦肉，令这款汤品在祛邪的同时还能扶正固本，而且可提升汤味口感。

制作

1. 将葱白洗净，切段；鲜薄荷叶洗净；白萝卜去皮后切块；猪瘦肉洗净后切片。
2. 锅里加入清水约 1500 毫升（约 6 碗水）和生姜片。
3. 用武火煮沸后，依次放入猪瘦肉片、白萝卜块滚约 10 分钟。
4. 放入薄荷叶和葱白段再滚 3 分钟，加入适量盐、花生油温服即可。

主料

鲜薄荷叶 50 克
葱白 3 段
白萝卜 250 克
猪瘦肉 150 克
生姜 2 片

鲜薄荷叶

白萝卜

分量
3~4 人份

功效
疏风解表
助疹外透

罗布麻杞菊炖鲍鱼汤

　　春季气候多变，冷暖不定，特别是清明节气，正是肝气易升、肝火易旺的时候。对于有高血压病史的患者来说，往日平稳的血压这时就容易起伏不定，患者也容易出现头痛头胀、目赤眩晕、口干易怒、胸闷胁痛等肝火上炎或肝阳上亢的症状。

　　罗布麻叶性微寒，味苦、甘，能清热降火，平肝息风，主治头痛、眩晕、失眠等病症。鲍鱼鲜而不腻，补而不燥，有滋阴清热、补肝明目的食疗功效。而鲍鱼壳即中药石决明，其味咸，性微寒，能平肝除热、明目潜阳、通淋益肾。将鲍鱼配合补益肝肾的枸杞子及清肝火、平肝阳的菊花，合而为汤，对一些工作压力大、经常熬夜而出现头痛头涨、口干目赤、胸闷胁痛等肝火上炎症状的朋友具有良好的调理效果，对于春末夏初阶段血压容易波动起伏且中医辨证为肝肾阴虚、肝阳上亢证型的高血压病患者就更为适宜了。

制作

1. 用刷子将带壳鲜鲍鱼的裙边清洗干净，去掉肉与壳之间的泥肠后汆水备用。
2. 将猪腒肉洗净，汆水后切大方块。
3. 将所有主料放入炖盅，加入清水 1250 毫升（约 5 碗水），加盖后隔水炖 3 小时，进饮时加入适量盐即可。

主料

带壳鲜鲍鱼

罗布麻叶 15 克
枸杞子 20 克
菊花 5 克
带壳鲜鲍鱼 4 只
猪腒肉 150 克
生姜 3 片

罗布麻叶

分量
4~5 人份

功效
滋阴降火
利肠消滞

分量
3~4 人份

功效
清热利湿
理气通络

疗"蛇"汤（棉茵陈土茯苓煲水蛇汤）

　　清明期间，春雨蒙蒙，到处"潮气"十足，皮肤病患者又增多了两三成，其中不乏带状疱疹者，即俗称的"生蛇"。从中医角度分析，这个时节带状疱疹患者增多，跟春天的"湿困"不无关系。春天时外部环境湿度增大，人们体内的食积、痰饮、虚火等易受湿邪所困，找不到宣泄的"出路"，日久便导致局部经络气血运行不畅，"不通则痛"，因此瘀滞而"生蛇"。现代医学认为，春天是病毒活跃的季节，在被水痘－带状疱疹病毒感染后，病毒潜伏在体内，若身体免疫力下降便容易发展成带状疱疹。

　　春来"湿邪"渐盛，最易惹"蛇"缠身，建议多喝些能够清热健脾化湿的汤水。棉茵陈又名白蒿，《本草纲目》载之："气味苦，性平、微寒，无毒……主治风湿寒热邪气，热结黄疸，久服轻身益气耐老。"土茯苓是广东人春季常用的祛湿解毒煲汤材料之一，《本草正义》上载："土茯苓，利湿去热，能入络，搜剔湿热之蕴毒。"而水蛇入汤可以攻补兼施，一来可以祛风解毒，祛湿通络；二来还有滋养补益的功效。再搭配上陈皮、红枣和生姜等具有理气和中、健脾祛湿功效的佐料合而为汤，使此汤能够清热利湿、理气通络，正中春季"缠腰蛇"的病因病机，是一款行之有效的辅助"疗蛇"药膳汤饮。

主料

棉茵陈 30 克　　　鲜土茯苓 200 克　　　陈皮 5 克　　　水蛇 400 克

猪腜肉 150 克　　　大枣 5 枚　　　生姜 3 片

制作

1. 将水蛇去皮，洗净，斩段后氽水。
2. 将猪腜肉洗净后氽水，切成大方块。
3. 将鲜土茯苓刮皮后切片；陈皮稍浸泡，刮去里面的白瓤；大枣去核。
4. 将所有主料放入瓦煲内，加入清水 2500 毫升（约 10 碗水），用武火煮沸后改文火慢熬 2 小时左右，进饮时加入适量盐温服即可。

鸡汤浸桑叶汤

春回大地，万物生长。桑树在此时正是抽芽出叶的时候，鲜嫩的桑叶是春天非常好的药食两用之品。嫩叶适合春季食用，而霜打的老叶适合秋冬之季入药使用。桑叶性寒，味甘，具有疏散风热、清肺润燥、平肝明目的功效。现代医学认为，桑叶还具有辅助降低血糖、血脂、血压的作用。

春季的节气汤饮不需油腻，这款靓汤之所以选用鸡骨架而不用猪骨或肉类，其目的就是减少汤中的脂肪含量。脂肪少了可能汤没有那么浓香，但味道会更加清澈甘醇。此汤饮不但营养丰富，而且鲜甜美味，对清明时节预防感冒、愉悦心情和辅助治疗"三高"也有一定的效果。

制作

1. 将鸡骨架洗净，拍碎。
2. 先向锅里加入清水 1500 毫升（约 6 碗水），用武火煮沸。
3. 放入鸡骨架及生姜片，用文火慢熬 1 小时煮成鸡骨汤底。
4. 把鸡骨捞出，放入鲜嫩桑叶和枸杞子，滚 2~3 分钟，加入适量盐和少许花生油调味即可。

主料

鲜嫩桑叶

鸡骨架 1 副
鲜嫩桑叶 300 克
枸杞子 15 克
生姜 2 片

枸杞子

分量
3~4 人份

功效
疏散风热
平肝润肺

马齿苋金针菜滚猪肝汤

　　春天的马齿苋长势特别好，其嫩茎叶是很健康的大众化餐桌蔬菜。马齿苋别名长命菜、长寿菜、五行草，性寒，味甘、酸，归肝、脾、大肠经，中医认为其有清热解毒、利水祛湿、凉血止血的功效。临床上马齿苋多与土茯苓配伍治疗湿热泄泻，与益母草配伍治疗子宫出血。金针菜又名黄花菜、忘忧草。《昆明民间常用草药》赞誉金针菜能"补虚下奶，平肝利尿，消肿止血"。女士们常吃金针菜还能愉悦心情、滋润皮肤、增强皮肤的弹性。

　　此汤清香鲜美，具有清利湿热、益肝明目、宽中下气的功效。特别适用于肝血不足之夜盲、脾气壅滞之身体疲乏的人士食用，也可以作为湿热内蕴或大肠湿热型胃肠炎、痢疾患者的辅助治疗汤饮。需要注意的是，本汤品性凉，脾虚便溏的人士宜少饮用。

制作

1. 将马齿苋洗净，切碎；干品金针菜用温水泡发后切成段。
2. 将猪肝洗净，切成薄片后加少许生抽、花生油拌匀后腌制片刻。
3. 将鸡蛋打散备用。
4. 锅内加入清水 1250 毫升（约 5 碗水）和生姜片，用武火煮沸。
5. 依次加入金针菜段、猪肝片、马齿苋碎滚至熟。
6. 浇入鸡蛋液，边倒边搅拌，待沸后加入适量盐调味即可。

主料

鲜马齿苋 80 克

干品金针菜

干品金针菜 30 克

猪肝 150 克

鲜马齿苋

鸡蛋 2 个

生姜 2 片

分量
3~4 人份

功效
清利湿热
益肝明目
宽中下气

布渣叶夏枯草雪梨猪脹肉汤

　　气候进入初夏，气温较热，人们常会有口干、燥热上火、食滞烦躁的感觉。从中医的角度来看，这些证候的病机都是肝火旺盛、体内食滞化热的缘故。今日推荐的汤饮就能很好地针对现在人们普遍出现的不适症状。

　　布渣叶，别名破布叶、烂布渣，为椴树科植物破布叶的干燥树叶，以叶片大而完整、色黄绿、少叶柄者为佳。布渣叶是常用的南药，其味微酸，性凉，归脾、胃经，有很好的消食化滞、清热利湿的功效。临床多用于饮食积滞、感冒发热、湿热黄疸等病症。夏枯草为清肝火、散郁结的要药，广东老百姓多用来与瘦肉煲汤食用，同时夏枯草也是很多广东凉茶的主料之一。汤中还搭配了雪梨，一来可以润燥生津；二来雪梨味酸甜，有助于改善汤味口感。此汤可以起到清肝祛热、润燥消滞的作用。炎热天气经常饮用的话，可以预防身体燥热的症状发生。

制作

1. 将布渣叶和夏枯草冲洗干净，一起装入汤料袋中，再将袋口扎好。
2. 将雪梨洗净后呈"十"字切开，去核，切成块。
3. 将猪脹肉洗净，氽水后切大块。
4. 将所有主料放入瓦煲内，加入清水 2000 毫升（约 8 碗水），用武火煮沸后调文火慢熬 1.5 小时，加入适量盐调味即可。

主料

布渣叶 15 克
夏枯草 30 克
雪梨 2 个
猪脹肉 400 克
蜜枣 2 枚
生姜 2 片

布渣叶

夏枯草

分量
3~4 人份

功效
清肝祛热
润燥消滞

苦瓜橄榄蚝豉猪排骨汤

　　苦瓜，别名凉瓜，广泛栽培于热带至温带地区。以皮青、肉白、片薄、子少者为佳。苦瓜味苦，性寒，具有清暑消热、明目、解毒等功效，能治疗暑热烦渴、消渴、赤眼疼痛、痢疾、疮痈肿毒等疾病。汤中的青橄榄有清热解毒、利咽化痰、生津止渴、除烦醒酒之功。再搭配上能够养阴泻火、补虚的蚝豉干以及有健脾强壮功效的猪排骨，一来可以提升汤味口感，二来可以佐制苦瓜和青橄榄的寒凉之性。

　　本汤饮具有清热生津、利咽化痰的功效，可作为春季风热感冒咽喉不适的人士或者熬夜饮酒多、早上起床口苦咽干的亚健康人群食用。需注意的是，苦瓜性苦寒，脾胃虚寒者，多食会导致吐泻腹痛，食用前可加入适量胡椒粉温服。

制作

1. 将苦瓜切开，去瓤，切成大块。
2. 将青橄榄用刀背拍碎；蚝豉干用冷水泡发。
3. 将猪排骨洗净，斩大件后氽水备用。
4. 将所有主料放入瓦煲，加入清水 2000 毫升（约 8 碗水），用武火煮沸后改文火慢熬 2 小时，进饮时加入适量盐即可。

主料

苦瓜 300 克
青橄榄 5 个
蚝豉干 4 个
猪排骨 400 克
生姜 3 片

苦瓜

青橄榄

分量
3~4 人份

功效
清热生津
利咽化痰

分量
3~4 人份

功效
辅助降压
促进凝血

清明荠菜羹

　　清明时节雨纷纷，路上行人被湿困，欲问祛湿何处好？不妨试试荠菜羹。现用时令行蔬菜——荠菜，来教大家做一道清明靓汤——清明荠菜羹。

　　荠菜每年在清明时节上市，它的降压效果要好于芦荟，而且无毒，所以也被人称为"降压菜"。荠菜中还含有荠菜酸，能起到促进凝血的作用，所以还可以广泛用于各种内伤出血、咯血、妇女月经过多、牙龈出血等病症的辅助治疗。经常食用荠菜，有助于削减氧自由基的生成和降低超氧负离子的活力，起到延缓衰老的作用。另外，清明时节吃鸡蛋的习俗在我国已经流传了几千年。有些地方，清明节吃鸡蛋，就如同端午节吃粽子、中秋节吃月饼一样是必不可少的重要习俗。广东民间认为清明节吃鸡蛋，一整年都有好身体。

荠菜 300 克

鲜黑木耳 100 克

鸡蛋 2 个

马蹄粉适量

生姜 2 片

制作

1. 将荠菜洗净，切小段；鲜黑木耳洗净，切丝；生姜片切成丝。

2. 将鸡蛋打成蛋液；马蹄粉加水勾兑成芡。

3. 锅内加入清水 2000 毫升（约 8 碗水）煮沸，依次加入鲜黑木耳丝、荠菜段滚 5 分钟。

4. 浇入鸡蛋液和马蹄粉芡，边煮边搅拌。加适量盐和花生油调味即可。

莲子土茯苓薏米煲水鸭汤

一到清明，气候就会潮湿，一潮湿人就感到浑身不舒服。很多人表示每年清明下雨天时就会觉得腰酸背痛、没胃口、大便稀溏不成形，但到了晚上又特别容易兴奋、睡眠欠佳，以致白天都觉得四肢无力，这时建议大家不妨从食疗入手，多喝一些靓汤。清明时节湿邪容易侵体，推荐一款能够健脾祛湿的汤品——莲子土茯苓薏米煲水鸭汤。

这款汤饮里包括了莲子、土茯苓、薏米和水鸭这些地道的祛湿食材。其中莲子具有补脾止泻、养心安神的功能；炒薏米可以加强利水渗湿、健脾止泻的作用；土茯苓能解毒除湿、利关节，当出现湿滞经络、筋骨疼痛时可以用到它。将以上食材再搭配上滋阴解毒、利水祛湿的水鸭一起煲汤，使此汤饮不但能够养肝益气、祛湿安神，而且汤性补而不燥，有助于清明时节扶正祛邪、强身健体。

制作

1. 将薏米倒入干锅内，用中火炒至微黄。
2. 将鲜土茯苓削皮后洗净，斩块。
3. 将水鸭肉洗干净后斩大块，氽水备用。
4. 将猪瘦肉洗净，切大块后氽水备用。
5. 将所有主料一起放入瓦煲，加入清水2500毫升（约10碗水），用武火煮沸后转文火煲2小时左右，加入适量盐即可。

主料

莲子30克

薏米50克

鲜土茯苓150克

（或干品50克）

水鸭肉500克

猪瘦肉100克

蜜枣2枚

生姜3片

莲子

薏米

分量
4~5人份

功效
养肝益气
祛湿安神

青瓜花滚鲮鱼滑汤

正所谓"四月不减肥,一年徒伤悲"。最近很多人都会去运动健身。不过平时运动少,一下突然加大运动量,次日容易腰膝酸痛、肌肉发紧,这些都属于运动后出现的正常的肌肉疲劳表现。现教大家做一款清淡好喝又有益的时令靓汤——青瓜花滚鲮鱼滑汤,帮助大家活血行气、提高机体免疫力。

青瓜花是广东经常用到的餐桌蔬菜,也叫"嫩瓜纽",是将生长7天左右的小青瓜连花柄一起摘下食用。葫芦素是青瓜花中含有的最重要的营养成分之一,这种物质进入人体以后可以明显提高人体的免疫力,能够一定程度预防癌症的发生;另外,葫芦素对于肝炎也有很好的辅助治疗功效。中医认为,青瓜花有清热利水、解毒消肿、生津止渴的作用;而鲮鱼可以强健筋骨、活血行气,做成鱼滑后口感更佳。此汤烹饪起来简单方便,汤品清甜开胃,最适合劳累后周身酸痛或者锻炼后肌肉酸痛不适者恢复时饮用。

制作

1. 将青瓜花洗净。
2. 锅内加入清水 1500 毫升(约 6 碗水)和生姜片一起煮沸。
3. 加入鲮鱼滑和榨菜丝滚约 5~8 分钟。
4. 加入青瓜花滚至熟,加入适量盐和花生油调味即可。

主料

青瓜花

青瓜花 100 克
鲮鱼滑 250 克
榨菜丝少许
生姜 2 片

鲮鱼滑

分量
3~4 人份

功效
清热利水
活血行气

清明花颜粥饮

春日百花盛开,处处鸟语花香,而清明正是外出踏青的好时节。推荐一款清明花颜粥饮,作为大家外出野餐时的"颜值担当"。

春日可食用的花有很多,不过最常食用的就是玫瑰,它可谓是"女人花",因为玫瑰具有活血调经、解郁安神之功效,可缓和情绪、平衡内分泌,而这些作用都是女性所需要的。白芍也算"妇女之友",不仅花开得漂亮,还有养血柔肝、缓中止痛的功效。汤饮中还用到了燕麦,不仅可以预防动脉硬化、脂肪肝,而且对便秘以及水肿等有很好的辅助治疗作用,是老少皆宜的补钙佳品。淮山是我们常用的食材,其补脾益肾功效一流,平时大家若出现由于脾胃虚弱或潮湿天气所导致的食欲不振、腰膝酸软、大便稀溏等症状就可以多食用它。

这款汤饮还有一大特色就是使用了粥水作为汤底。用粥水打底来做菜或做汤算是广东顺德菜的特色之一。用粥水的好处有两点:一来口感更加甘醇绵糯;二来白粥其实是非常好的健脾养胃食材,几乎适合所有体质的人士食用。

鲜玫瑰花 1 朵
(或干玫瑰花 3 克)

白芍 10 克

燕麦 100 克

淮山 500 克

大米 50 克

制作

1. 将玫瑰花取瓣,用淡盐水洗净;淮山削皮后洗净,切小块。
2. 把白芍、燕麦、大米一同下锅,加水 2500 毫升(约 10 碗水。其实汤的水量由自己决定,喜欢稀点就多放点水,喜欢稠点就少放点水),用武火煮沸后改文火慢熬 30 分钟左右。
3. 再加入玫瑰花瓣和淮山块,煮 10 分钟。
4. 根据个人口味调入适量冰糖温服即可。

赤小豆腐竹煲白鲫鱼汤

春天，尤其是清明期间，大家说得最多的字就是"湿"。湿邪是现时最大的邪气，若湿困脾胃，则致脾不运化，消化不良；若湿困双足，则直接表现为风湿痹痛；若湿邪蕴于肌肤，则表现为皮肤瘙痒不止。清明时节湿气较重的时候一定要多饮祛湿汤。

此汤选用赤小豆来祛湿，因为它有健脾、利水、除湿的功效。除了赤小豆外，能祛湿的食材还有眉豆、富贵豆、炒薏米等，平时大家自己在家都可以煲来食用。另外，此汤品还用到另外一种豆，即黄豆制品——腐竹。腐竹具有宽中益气、利大肠、利水消肿的功效，在广东汤品的烹调中人们都十分爱用到它，因为腐竹的加入会使汤品更加醇香润滑。以赤小豆腐竹煲白鲫鱼，不仅汤味清润可口，还能滋补脾胃、宽中益气，实为春日的一道家庭靓汤，且男女老少皆宜饮用。

制作

主料

1. 将赤小豆隔夜浸泡；腐竹用温水浸泡后剪段；白鲫鱼宰洗干净；猪瘦肉洗净，切成小方块状后余水备用。

2. 起油锅，把白鲫鱼煎至鱼身两面微黄（这是把鱼汤做成奶白色又香滑可口的窍门），加入少许清水于锅内煮沸。

3. 将赤小豆、猪瘦肉块和生姜片一起放入瓦煲内，加入清水2500毫升（约10碗水），用武火煮沸后改文火慢熬30分钟。

4. 加入白鲫鱼（连同鱼汁）以及腐竹段再煲约30分钟，进饮时加入适量盐调味即可。

赤小豆 80 克
腐竹 80 克
白鲫鱼 400 克
猪瘦肉 100 克
生姜 3 片

分量
3~4 人份

功效
健胃祛湿
宽中益气

花旗参灵芝炖海螺头汤

连续的气温攀升使得人体气阴容易耗损，特别是那些户外作业的人士或者熬夜、饮酒多的人群，甚至还会因虚火上炎而出现心神不宁、虚烦失眠、烦躁不安的表现。

花旗参又名西洋参，味甘，性寒，具有益气养阴的功效。而灵芝，素有"仙草"之说。现代药理学研究发现，灵芝富含灵芝多糖和灵芝多肽，具有延缓衰老和调节人体免疫力的作用；中医认为，灵芝有很好的养肝益胃、补气安神的功效。海螺头性寒，煲汤食用味道鲜美，具有清热、解暑、利尿、止渴、醒酒的多重功效。将它们合而为汤，特别适合那些在初夏时节里容易心气不足、心神不宁、心烦失眠、口干上火或熬夜多、饮酒过多的人群食用。需注意的是，那些阳虚体质、脾胃不耐寒凉者应少饮用本汤。

制作

1. 将所有主料洗净；花旗参切片；干品海螺头泡发，与瘦肉切块后汆水备用。
2. 将所有主料一起放入炖盅内，加入清水 1000 毫升（约 4 碗水），加盖后隔水炖 3 小时，进饮前加入适量盐调味即可。

主料

花旗参 20 克

灵芝 30 克

干品海螺头 100 克

瘦肉 300 克

生姜 2 片

花旗参

灵芝

分量
3~4 人份

功效
补气安神
养阴清热

黑蒜罗汉果炖猪瘦肉汤

清明时节的天气常阴晴不定，时寒时暖，感冒和咳嗽最容易在这时候发生。黑蒜罗汉果炖猪瘦肉汤是此时特别推荐的一款靓汤，该汤饮能祛湿除寒、利咽化痰、疏风止咳，且进饮起来汤味清润、鲜美可口，是现时预防感冒和咳嗽的药膳汤饮，一家男女老少皆宜饮用。

黑蒜，又名黑大蒜、发酵黑蒜或黑蒜头，是用新鲜的生蒜经加工发酵处理后的大蒜，具有通五脏诸窍、消痈肿、化积食和杀菌、防流感、祛湿除寒的作用。在润喉、化痰止咳方面，广东民间老百姓善于用罗汉果来泡茶、炖汤饮用。需注意的是，罗汉果味甜，煲汤饮用不宜用量过大。

制作

1. 将黑蒜去皮后和罗汉果一起冲洗干净。
2. 将猪瘦肉洗净，氽水后切成小方块。
3. 将所有主料一起放入炖盅，加入清水 750 毫升（约 3 碗水），加盖后隔水炖约 2 小时，进饮时加入适量盐温服即可。

主料

黑蒜

黑蒜 1 个
罗汉果 1/4 个
猪瘦肉 150 克
生姜 1 片

罗汉果

分量
2~3 人份

功效
祛湿除寒
利咽化痰

九肚鱼滚菠菜汤

随着气温逐渐回升，大有暖春初夏的感觉。建议平日饮食上仍然以平和补益、清淡少肥腻为主，忌食苦寒伤正或者温燥上火的食物。

九肚鱼俗称豆腐鱼或者鼻涕鱼，其渔期以春季为主。九肚鱼味道鲜美，有清润、健胃的作用。而菠菜是春季的时令蔬菜，含有丰富的铁、钾元素，阿拉伯人称之为"菜中之王"，中医认为其有通肠胃、开胸膈、润肠燥、通血脉的功效，春季之时男女老少都不妨多吃些应季菠菜来养生健体。将九肚鱼和菠菜二者合而为汤，使此汤饮既清润鲜甜又益胃利肠，是应季的一款大众化家庭靓汤，对春日食积不化、胸腹胀满、食欲不佳等病症均有一定的辅助治疗作用。

制作

1. 将九肚鱼宰洗干净，去鱼头和内脏，切成两段，用少许鱼露腌制 5 分钟左右。
2. 将菠菜洗净，切段；猪瘦肉洗净后切成片，用花生油、盐、生抽腌制片刻。
3. 铁锅烧热后，放入少许花生油和生姜片爆香。
4. 加入清水 2000 毫升（约 8 碗水）煮沸，依次加入猪瘦肉片、菠菜段和九肚鱼段，滚至熟，进饮时加入适量盐温服即可。

主料

菠菜

九肚鱼 500 克
菠菜 300 克
猪瘦肉 100 克
生姜 3 片

九肚鱼

分量
3~4 人份

功效
润燥通脉
益胃利肠

第六章

谷雨

（公历4月19、20或21日）

艾叶薏米粳米汤

《诗经·王风·采葛》篇里说："彼采艾兮，一日不见，如三岁兮。"浓烈之物，如酒、如艾，总要岁月来酝酿的。经过一冬的藏化，这时生发的香艾长势正佳。清明后端午前便进入了吃香艾的季节。艾草，也叫艾蒿、香艾，其叶嫩、汁纯、味香，中医认为其味苦、辛，性温，全草可入药，有温经、祛湿、散寒、止血、消炎、平喘、止咳、安胎、抗过敏等作用。谷雨是春季最后一个节气，此时天气日趋暖和，但雨量会比清明时节更大，大家应多饮用能够祛湿暖脾的养生汤水。

这款靓汤选用了粳米来熬汤水。粳米看起来比较粗短，广东人称之为"肥仔米"，用它煮的粥饭比较绵软，常见的东北大米、珍珠米、江苏圆米都属于粳米。此外，汤中还搭配上了炒薏米，使健脾祛湿的效果倍增。

制作

1. 将鲜艾叶洗净后装入汤料袋内，扎好袋口。
2. 将薏米用干锅炒至微黄。
3. 将所有主料放入瓦煲内，加入清水 2000 毫升（约 8 碗水），先用武火煮沸，再改文火慢熬 1 小时左右。
4. 煮至粥稠便可。可根据个人口味加入适量红糖食用。

主料

鲜艾叶 150 克
薏米 50 克
粳米 50 克
红糖适量

鲜艾叶

薏米

分量
2～3 人份

功效
健脾暖胃
祛湿和中

木棉花炒扁豆煲猪脊骨汤

谷雨多为雨雾天气，湿气较盛，易损伤阳气，湿易困脾，令脾脏运行失健。木棉花是一种具有地域特色的南药，有很好的解毒清热、祛湿消滞的功效，无论鲜品还是干品都可用来煲汤，而且它对人体的脾胃很有益处，对于春日易发的慢性胃炎、胃溃疡、泄泻等病症都有不错的疗效。而白扁豆本身就有健脾、利水、消肿等功效，炒过之后，其健脾祛湿的作用更强，还增加了清脑明目的功用，尤其适宜视力不好的人食用。

此靓汤中还加入了清润补益的蜜枣，不但令汤品清润甘醇，而且能够祛湿利水、健脾补益，是春日的一道经典的节气靓汤，男女老少皆宜饮用。

制作

1. 将干木棉花用淡盐水浸泡、清洗干净；炒扁豆和陈皮稍浸泡；蜜枣去核；猪脊骨洗净，斩大块后汆水备用。

2. 将所有的主料一起放入瓦煲，加入清水 2500 毫升（约 10 碗水），先用武火煮沸，再改文火慢熬 2 小时左右。进饮时加入适量盐即可。

主料

干木棉花 20 克
炒扁豆 30 克
蜜枣 2 枚
陈皮 5 克
猪脊骨 500 克
生姜 2 片

干木棉花

炒扁豆

分量
3~4 人份

功效
健脾补益
祛湿利水

桑枝葛根薏米煲老母鸡汤

谷雨前后气温较稳定、暖和，雨量也比清明增加，这时候湿邪和热邪常常容易交织在一起侵犯人体。有关节炎、关节痛和肌肉劳损病史的人在谷雨时节就会难受一些。针对这一群体，养生汤水重在能祛湿除痹、解肌止痛。

这款汤中的桑枝为祛风湿类中药，有祛风湿、利关节的功效，常用于肩臂、上肢关节酸痛麻木的病症。葛根为常用的解表类中药，有解肌、退热、生津之功。薏米又称为薏苡仁，中医认为它能健脾胃、除湿痹、利肠胃、消水肿，治疗关节红肿疼痛属于热痹的名方"薏苡仁汤"就是以生薏苡仁为君药。将桑枝与薏米一起煲老母鸡，使汤性清热而不寒凉，既能祛湿除痹、解肌止痛，还能健脾补益。尤其适合那些患有关节炎、关节痛和肌肉劳损且中医辨证为实热证的患者作为辅助治疗之用。

制作

1. 将薏米隔夜浸泡。
2. 将老母鸡宰洗干净，去掉内脏、鸡头和鸡尾部。
3. 将猪瘦肉洗净，切大块后余水备用。
4. 将所有主料一起放入瓦煲内，加入清水 2500 毫升（约 10 碗水），先用武火滚沸，再改文火慢熬约 2 小时。进饮时加入适量盐调味即可。

主料

桑枝

葛根

桑枝 30 克
葛根 50 克
薏米 50 克
老母鸡 1 只
猪瘦肉 100 克
生姜 3 片

分量
4~5 人份

功效
祛湿除痹
解肌止痛

绵茵陈蜜枣鲫鱼汤

暮春之际，气温渐暖，不下雨时已有夏天的感觉，湿夹热是这个时节的典型气候特征，此时最适宜喝能够祛湿的鱼汤。绵茵陈，学名茵陈蒿，简称茵陈，是广东民间十分熟悉的祛湿类中药。

春湿夏暑的谷雨之际，正是绵茵陈生长得茂盛之时，广东的老百姓常用来它来入汤入药，早在《神农本草经》中就被列为保身养健之上品。中医认为，绵茵陈能祛湿清热、利胆退黄，尤善治三焦湿热，以及黄疸、肝炎、小便不利、风痒疮疥等病症。鲫鱼肉质细嫩，刺少而粗，适合煲汤食用。中医认为鲫鱼能健脾利湿、和中开胃。将绵茵陈和鲫鱼配上清润甘甜的蜜枣煲汤饮用，具有清热祛湿、润燥解毒之功。此汤成本不高，材料简单易找，食疗功效较好，是春末夏初湿热天时性价比非常高的一款大众家庭靓汤。

制作

1. 将绵茵陈洗净，装入汤料袋内，再将袋口扎紧。
2. 将猪瘦肉洗净，切大块后汆水备用。
3. 将鲫鱼宰洗干净，可切块也可整条入锅，煎至鱼身两面微黄，再加入少许清水煮沸备用。
4. 将除鲫鱼外的所有主料放入瓦煲内，加入清水 1500 毫升（约 6 碗水），用武火滚沸后改文火煲约 40 分钟。
5. 倒入鲫鱼和鲫鱼汤，再煲 30 分钟，进饮时加入适量盐即可。

主料

绵茵陈 30 克

绵茵陈

鲫鱼 2 条（约 600 克）

猪瘦肉 150 克

蜜枣 2 枚

生姜 3 片

分量
3~4 人份

功效
清热祛湿
润燥解毒

陈皮炖猪瘦肉汁

中医认为，痰和湿是人体的两种病理产物，且二者相互关联。人体脾胃虚弱、运化失健时便会生内湿，久之湿聚成痰，所以又有"脾胃为生痰之源""治痰不理脾胃非其治也"的说法。谷雨之时，人们常常晨起痰多，平素亦出现自觉口中黏腻、口渴不想喝水、头身重困等表现，这都是痰湿内盛的症状，中医调理宜理气健脾、祛湿化痰；今日推荐的陈皮炖猪瘦肉汁就是对证之选了。

陈皮，又叫橘皮，为芸香科植物橘及其栽培变种的干燥成熟果皮。陈皮以广东新会县所产的年份久远者为上品。年份短的陈皮内表面呈雪白色、黄白色，外表面呈鲜红色、暗红色；年份高的陈皮内表面呈古红或棕红色，外表面呈棕褐色或黑色。年份短的陈皮口味苦、酸、涩，而年份高的陈皮口味则甘、醇。中医认为，陈皮味苦、辛，性温，归肺、脾经，有理气健脾、调中消导滞、燥湿化痰的功效，再搭配上平和补益的猪瘦肉，使这款汤饮味效两全，值得多多饮用。

制作

1. 将陈皮泡软后刮去白瓤。
2. 将猪瘦肉洗净，汆水后切成小方块。
3. 将所有主料放入炖盅内，加入清水 750 毫升（约 3 碗水），加盖后隔水炖 2 小时。进饮时加入适量盐即可。

主料

陈皮 15 克
猪瘦肉 200 克
生姜 2 片

陈皮

猪瘦肉

分量
2~3 人份

功效
理气健胃
祛湿化痰

莲藕雪耳煲羊肉汤

在节气养生上，中医强调"春夏养阳"，这是因时制宜的养生原则之一。春夏之时，自然界阳气升发，表现为阳盛于外且兼夹湿热，而人体却是阳虚于内。所以善于养生者宜顺应时节，养护体内阳气，使之保持充沛。此时应避免产生耗损阳气或阻碍阳气畅达的活动。今日推荐的节气养生汤饮就是莲藕雪耳煲羊肉汤。

莲藕雪耳煲羊肉汤有益气助阳、养血润燥的功效，为春日养阳的滋补靓汤，且汤品清润、鲜美、可口。中医认为，生莲藕能清热除烦、生津润燥；熟莲藕可以益气健脾，益血养心。雪耳能滋阴润肺、养胃生津。羊肉则是常用的能够助阳补虚的食疗佳品。将它们搭配为汤，使莲藕和雪耳的清润食性可以中和羊肉的温燥之性，整个汤品的汤性便会不燥不热，且能清补助阳，正是现在用来养生保健的一款家庭靓汤，而且老少皆宜。

制作

1. 将莲藕刮皮，洗净，切大块。
2. 将干品雪耳浸泡后去蒂，切成小块。
3. 将羊肉洗净，切块，放到装有姜片和酒的沸水中汆水备用。
4. 将所有主料一起放入瓦煲内，加入清水 2500 毫升（约 10 碗水），先用武火煮沸，再改文火慢煲约 2 小时。进饮时加入适量盐即可。

主料

莲藕 500 克

莲藕

干品雪耳 25 克

羊肉 500 克

生姜 3 片

干品雪耳

分量
3~4 人份

功效
益气助阳
健脾润燥

鲜蘑菇炖鸡汤

春日是蘑菇生长旺盛和采摘的最好时节，蘑菇的味道鲜美清香，食用起来鲜嫩可口。现代营养学研究发现，蘑菇中富含的多糖类物质能提高人体辅助性 T 细胞的活力，从而增强人体的免疫功能。此外，鲜蘑菇中还含有多种维生素、矿物质和微量元素，对促进人体新陈代谢、提高机体适应力有很大作用。在疾病的辅助治疗上，蘑菇还对糖尿病、代谢综合征、恶性肿瘤、病毒性肝炎、神经炎等起到一定作用，还可作为消化不良、便秘、食欲下降等病症的食疗之品，具有理气开胃、辅助抗癌、降血压、降血糖的功效。中医古籍中记载蘑菇能"益气，不饥，治风破血"，民间老百姓还常用蘑菇来助痘疮、麻疹的透发，治疗老人头痛、头晕等病症。

这款汤品便是用鲜蘑菇来清炖嫩母鸡，无须加太多其他调料，汤品味道就已足够鲜美、醇香、可口，而且具有健脾开胃、益气降压的作用，为谷雨时节老少皆宜的大众化家庭靓汤。如果大家喜欢清淡的汤品，在处理嫩母鸡时，可将稍肥的鸡皮去掉不要，免得汤品太过油腻。

制作

1. 将鲜蘑菇洗净，用温水浸泡 30 分钟后切块。
2. 将嫩母鸡宰洗干净，去掉内脏和头、尾部。
3. 将所有主料一起放入炖盅，加入清水 1250 毫升（约 5 碗水），加盖后隔水炖约 3 小时。进饮时加入适量盐即可。

主料

鲜蘑菇

鲜蘑菇 200 克

嫩母鸡 1 只

（约 600 克）

生姜 3 片

葱段适量

分量
3~4 人份

功效
健脾开胃
益气降压

鲜紫苏叶滚黄骨鱼汤

中医讲的"湿邪"有外湿和内湿之分。外湿属于六淫之一，多因气候潮湿、涉水淋雨、久居潮湿之地所导致。谷雨时节和长夏季节湿气最盛，故多发湿病。而内湿是病理变化的产物，多由嗜酒成癖或过食生冷，以致脾阳失运，湿自内生。

紫苏为解表类中药，具有散寒行气、祛湿和胃之功，对于祛除外湿和内湿均有一定的效果。在谷雨时节湿气比较重的南方地区，老百姓常常会用紫苏叶来行气祛湿、解腻消滞和解鱼蟹之毒，是常见的食药两用的草本植物，用其入汤鲜香独特又微带些许的辛辣，特别适宜在春湿冬冷时食用。沿海地区的人们日常尤其喜欢滚鱼汤饮用，而黄骨鱼是无鳞的河鱼，这种无鳞的鱼类能滋阴补阳。鲜紫苏叶滚黄骨鱼汤，鲜香味美，有益胃养阳、祛湿醒脾之功，为春日的一款大众化家庭靓汤，且老少皆宜饮用。

 制作

1. 将鲜紫苏叶洗净，切成段。
2. 将黄骨鱼宰洗干净，去肠肚，入锅先煎至鱼身两面微黄，加入少许清水煮沸。
3. 锅内再加入生姜片和清水 1500 毫升（约 6 碗水），用武火滚沸后撒入紫苏叶。
4. 改文火滚约 10 分钟，最后加入适量盐调味即可。

主料

鲜紫苏叶 80 克
黄骨鱼 500 克
生姜 3 片

鲜紫苏叶

黄骨鱼

分量
3~4 人份

功效
祛湿醒脾
益胃养阳

分量
3~4 人份

功效
补血益气
健脾祛湿

红腰豆煲鲤鱼汤

红腰豆原产于南美洲，是乾豆中营养最丰富的一种。红腰豆味甘，性温，有补血益气、降糖消渴、扶正强身的功效，还能抗衰老、抗辐射。最值得一提的是，红腰豆不含脂肪，但含有大量的纤维素，能帮助人体降低胆固醇及控制血糖，糖尿病患者也适合进食。此外，素食主义者也十分适宜多进食红腰豆，因为他们不吃肉类，容易缺乏铁、蛋白质等营养素，因此可以通过进食红腰豆来补充这些营养物质，从而帮助合成血红蛋白，预防缺铁性贫血和营养不良性贫血。

鲤鱼性平，味甘，具有健脾养胃、利水消肿、通乳安胎等作用。多用于脾胃虚弱、食少乏力、脾虚水肿等的治疗。现代营养学研究发现，鲤鱼中的蛋白质不但含量高，而且质量也佳，在人体内的消化吸收率可达96%。而且鲤鱼的脂肪多为不饱和脂肪酸，能很好地降低胆固醇，可以预防动脉硬化、冠心病等的发生。

需要注意的是，烹饪鲤鱼时可以不去掉鱼鳞。因为鱼放入锅里煎时，鱼鳞不但可以保护鱼肉使其鲜嫩，而且鲤鱼鳞本身营养丰富，煎一煎可使鱼鳞变得爽脆、金黄好看，吃时更有营养。另外，鲤鱼背上的两条白筋是产生特殊腥味的东西，洗鱼时必须将其挑出抽掉，经过这样处理的鲤鱼煲出的汤才味道鲜美、没有腥味。此汤饮尤其适合贫血患者、气血两虚体质的人士和气血不足的糖尿病患者作为辅助治疗之用。

鲤鱼1条（约600克）　　红腰豆150克　　猪瘦肉100克　　陈皮3克

制作

1. 将红腰豆隔夜浸泡；猪瘦肉洗净，余水后切小方块。

2. 将鲤鱼去白筋（在鲤鱼鱼鳃下面的鱼皮上划一刀，再在鱼尾巴前划一刀，白筋会暴露出来，抽掉白筋即可），保留鳞片，宰洗干净。

3. 用少许花生油起油锅，放入整条鲤鱼煎至双面微黄，之后加入清水500毫升（约2碗水）煮沸备用。

4. 把红腰豆、猪瘦肉、陈皮放入瓦煲内，加入清水2000毫升（约8碗水），用武火煮沸后改文火慢熬30分钟。

5. 倒入煎好的鲤鱼和鲤鱼汤汁，用中火再煲30分钟，最后加入适量盐调味即可。

分量
3~4 人份

功效
清热利咽
润肺化痰

藏青果咸橄榄炖猪肺汤

春夏季节交替之时，气温易反复，时冷时热，时晴时雨，气候的变化无常使人易患上呼吸道感染，出现咽痛、发热、咳嗽、痰多等症状。藏青果咸橄榄炖猪肺汤是广东民间常用的预防季节性感冒和咽痛、咳嗽的汤水，大家可根据实际情况每周饮用 2~3 次，使预防和辅助治疗这类疾病的效果更佳。

在传统汤饮的基础上，这款靓汤还加入了藏药——藏青果，以加强食疗功效。藏青果味苦、微甘、涩，性微寒，有清热、利咽、生津的功效，临床上多用于慢性咽炎、慢性喉炎、慢性扁桃体炎等疾患的治疗。咸橄榄是用鲜品橄榄加盐腌制而成，除了本身有利咽化痰的功效外，盐的腌制还能增强其清热下火的作用。而无花果药性平和，口味甘甜，除了可以调和汤味、增进口感之外，还能益胃润肺，清热化痰。如果家中有小孩平时容易感冒和咽喉发炎的话，不妨在这个节气多煲这道汤来饮用。

藏青果 6 个

鲜橄榄 6 个

干品无花果 4 个

猪肺 400 克

猪瘦肉 100 克

生姜 2 片

制作

1. 将藏青果敲裂；鲜橄榄洗净，切成两半，再用适量盐腌制 1 小时左右。

2. 将干品无花果泡软后呈"十字"切开。

3. 将连着猪肺的喉管套在水龙头上，一边灌水一边轻拍猪肺，用力搓，并倒去猪肺中的污水，反复搓洗数次，沥干水，切成几大块。

4. 不下油，用铁锅慢火将猪肺炒干，切成小片备用。

5. 将猪瘦肉洗净、汆水，切成小方粒。

6. 将所有主料放入炖盅内，加入清水 1500 毫升（约 6 碗水），加盖后隔水炖 3 小时，进饮时加入适量盐温服即可。

南北杏仁陈皮煲鹧鸪汤

在谷雨节气有一种体质的人是比较难受的,那就是痰湿体质。中医认为,"脾虚生湿""湿聚成痰",而谷雨时节湿气较重,痰湿体质的朋友常会出现或加重身困疲倦、胸脘胀满、食欲不振、晨起咳嗽痰多等症状,这都是人体痰湿内蕴的缘故。今日推荐的南北杏仁陈皮煲鹧鸪汤就可以从一定程度上缓解痰湿体质人士的不适症状。

南北杏仁即南杏仁和北杏仁,均有止咳平喘的功效。南杏仁味甘,擅长甘润化燥而润肺化痰;北杏仁味苦,擅长破壅开达而化痰宣肺。用作药膳时常常合用而加强功效。陈皮选用的是广东江门市新会地区所产的大红柑的干果皮制成的陈年陈皮,是广东有名的道地药材,又名广陈皮,具有很高的药用价值。陈皮味苦、辛,性温,有理气健脾、燥湿化痰的功效,日常多用于胸脘胀满、食欲不振、咳嗽痰多等病症的治疗。民间对鹧鸪的评价素有"一鸪顶九鸡"之说,足见其营养、滋补、保健功效的不凡,《医林纂要》中还称赞鹧鸪有"补中消痰"的食疗功效。

制作

1. 将鹧鸪宰洗干净,斩大块,氽水备用。
2. 将猪瘦肉洗净,氽水后切成小方粒。
3. 将所有主料放入瓦煲内,加入清水 2500 毫升(约 10 碗水),先用武火煮沸,再改文火慢熬 2 小时左右。进饮时加入适量盐温服即可。

主料

鹧鸪

南杏仁 20 克

北杏仁 15 克

陈皮 5 克

鹧鸪 2 只

猪瘦肉 100 克

蜜枣 2 枚

生姜 2 片

分量
3~4 人份

功效
化痰止咳
理气健脾

艾草寄生煲鸡蛋汤

　　艾草于每年3月初根茎开始萌发，4月下旬可以采收第一茬，5月端午节前后的艾草长势最佳，药用功效也最好，故广东民间又将此时的艾草称之为"五月艾"。用于入汤的艾草以鲜嫩的艾叶为佳，这样煲出来的汤味才更清香甘洌，不至于像老叶煲出来的汤那样苦涩，所以此靓汤选用4月底采收的第一茬鲜嫩艾叶入汤。桑寄生除了具有补肝肾、强筋骨、祛风湿的功效之外，还有安胎的功效，《药性论》载之："能令胎牢固，主怀妊漏血不止。"

　　艾草寄生煲鸡蛋汤不仅有散寒祛湿、补益肝肾的功效，还可以辅助治疗虚寒证型的月经不调、胎动不安等，建议有这些病证的女性朋友不妨煲来食用。

　　用量一般为每人每次吃蛋1~2个，用汤100毫升左右送服。怀孕1个月者每天服食一次，可连服一周；怀孕2个月者，每10天服食一次；怀孕3个月者，每15天服食一次；怀孕4个月以上者，每月服食一次，直至妊娠足月。

制作

1. 将鲜艾叶清洗干净，择取嫩枝嫩叶。
2. 将所有主料放入瓦煲，加入清水750毫升（约3碗水），用武火煮沸。
3. 待鸡蛋熟后捞起，去除鸡蛋壳后再放入瓦煲内，改用文火慢熬20分钟左右。
4. 根据个人口味加入适量红糖即可。

主料

鲜艾叶50克
桑寄生30克
鸡蛋2个
红糖适量

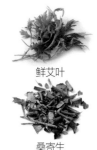

鲜艾叶

桑寄生

分量
1人份

功效
散寒祛湿
补益肝肾
暖宫调经
固胎安胎

三君益智仁煲乳鸽汤

四君子汤是中医治疗脾胃气虚证的基础方，由人参、白术、茯苓和甘草四味中药组成。益智仁又名益智子，顾名思义，有健脑益智、提高记忆力的作用。现代药理学研究发现，益智仁含有一种叫作牛磺酸的物质，对小儿的生长发育很有益处，可以用它作为老少人群的醒脑保健食疗之品。益智仁性温，味辛，有温脾开胃、收摄唾液、止泻的功效，适用于脾虚腹泻、肾虚遗尿、夜尿频多等，也适用于老少常见的腹胀泄泻、容易尿床等的防治。

这款靓汤选用了四君子汤中的三味，再搭配上可以固肾益智的益智仁、温胃散寒的生姜和滋养功效较强的乳鸽等食材一起煲汤。使这款汤气味香浓，口感也不错，还具有健脾益智、补肾固摄的作用，是体虚朋友春日不可多得的养生保健汤品。需要注意的是，对于那些属于阴虚火旺或者实热证候的人群要慎用，否则容易出现燥热上火的表现。

制作

1. 将所有的主料清洗干净。
2. 将乳鸽宰洗干净后切大块；猪瘦肉洗净后切大块；将乳鸽和猪瘦肉一起余水备用。
3. 将所有的主料一起放入瓦煲内，加入清水 2000 毫升（约 8 碗水），用武火煮沸后改文火慢熬 1.5 小时。进饮时加入适量盐调味即可。

主料

白术

益智仁

党参 20 克
白术 10 克
茯苓 20 克
益智仁 10 克
乳鸽 1 只
猪瘦肉 100 克
生姜 2 片

分量
3~4 人份

功效
健脾益智
补肾固摄

五指毛桃枸杞煲生鱼汤

　　五指毛桃根是地道的南药，主要以主根入药，其性平，味甘，很多人叫它"土黄芪"或"南芪"，就是因为它具有与黄芪相似的补气扶正作用。虽然五指毛桃根的益气补虚作用功同北芪，但药性却不温不燥，而且能祛湿活络，更适合南方人的体质。用五指毛桃根煲出的汤水有一股椰奶香味，食味甚佳，因此又有"五指牛奶"之称。

　　另外，家里如果有老人和小孩的话，可以经常煲些生鱼汤作为食疗之用。生鱼，俗称斑鱼、乌鱼，被《神农本草经》列为虫鱼上品之列，具有补脾利水、调补阴阳等功效；并且生鱼胆固醇含量低，营养价值很高，尤其适合体虚和术后患者调补食用。生鱼和五指毛桃根、枸杞子搭配，煲出的汤品汤色奶白，味鲜香浓，具有健脾补虚、滋肾利水的功效。很适合老人、儿童和体质虚弱的人群作为食补之用。

制作

1. 将五指毛桃根用清水冲洗干净；生鱼宰洗干净，抹干水分；猪瘦肉洗净，氽水后切大块。

2. 将除生鱼外的其他主料放入瓦煲，加入清水 2500 毫升（约 10 碗水），用武火煮沸后改文火慢熬 1 小时。

3. 放入生鱼再煲 30 分钟左右，进饮时加入适量盐调味即可。

主料

五指毛桃根 40 克
枸杞子 15 克
生鱼 500 克
猪瘦肉 100 克
生姜 3 片

五指毛桃根

枸杞子

分量
4~5 人份

功效
健脾补虚
滋肾利水

白术鸡内金苹果煲猪肚汤

鸡内金是由鸡的干燥砂囊内壁经过炮制而成的，其味甘，性平，归脾、胃、小肠、膀胱经。中医讲究以形补形，鸡内金具有消积滞、健脾胃的功能。民间验方有口服单味鸡内金粉的用法，可增加胃酸分泌量，从而促使人体消化功能增强、胃排空加快。白术性温，味苦、甘，归脾、胃经，为补脾良药，还能补益肺、肝、心、肾，与凉润药同用善补肺，与升散药同用善调肝，与镇静安神药同用善养心，与滋阴药同用善补肾。苹果含有丰富的苹果酸、奎宁酸、柠檬酸及酒石酸，具有生津润肺、健脾开胃的作用，搭配上白术可起到健脾益胃、燥湿和中的作用。猪肚是广东人常用的健脾胃食材。现代营养学研究发现，猪肚中可提取出丰富的胃泌素、胃蛋白酶，这些物质对胃肠道黏膜和胰腺均有一定的保护作用，可促进胃酸分泌和胃黏膜生长。

将它们合而为汤，具有消食化滞、健脾和胃、生津补益的食疗功效。并且此汤汤性平和，无论什么体质或年龄阶段的人群均可放心饮用。

白术 30 克

鸡内金 10 克

苹果 2 个（约 300 克）

猪肚 400 克

猪朘肉 150 克

生姜 3 片

制作

1. 将猪朘肉洗净，切大块后汆水备用。
2. 将苹果洗净后呈"十字"切开，并去除果核，切成块。
3. 将猪肚正反面多次冲洗，用生粉或盐反复揉搓，再冲净，汆水后切成片。
4. 将所有主料放入瓦煲内，加入清水 2500 毫升（约 10 碗水），先用武火煮沸，再改文火慢熬 2 小时左右，加入适量盐温服即可。

附录：靓汤常用食材与药材

靓汤常用食材

豆类

富贵豆

红腰豆

眉豆

干货类

剑花干

白菜干

淡菜

桂花

海参花

海底椰

黑蒜

花胶

墨鱼干

鱿鱼干

沙虫干

瑶柱

水果类

鲜无花果

竹蔗

腌制品类

冬菜

阴菜

瓜蔬类

白瓜	百花菜	迟菜	大芥菜	大薯
番薯叶	粉葛	枸杞叶	鸡爪芋	节瓜
辣椒叶	马蹄	蒲瓜	青橄榄	沙葛
水瓜	鲜百合	佛手瓜	鲜莲蓬	玉米笋

芫荽

禽畜类

| 鸡肾 | 鸭心 | 鹧鸪 | 猪横脷 | 猪小肚 |

覃菌类

| 虫草花 | 姬松茸 | 鲜草菇 | 鲜鸡枞菌 | 干品竹荪 |

海鲜水产类

白贝	草鱼骨	草龟	富贵虾	蛤蜊
鲩鱼骨	黄骨鱼	黄沙蚬	金鼓鱼	泥猛鱼
山斑鱼	石斑鱼	笋壳鱼	鲐鱼	蚬肉

靓汤常用药材

安神药

茯神

补气药

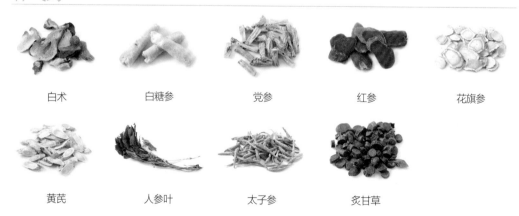

| 白术 | 白糖参 | 党参 | 红参 | 花旗参 |
| 黄芪 | 人参叶 | 太子参 | 炙甘草 | |

补血药

当归

龙眼肉

南枣

熟地黄

补阳药

海龙

海马

鹿茸

肉苁蓉

盐补骨脂

益智仁

养阴药

北沙参

枸杞子

龟板

黑枸杞

黄精

麦冬

生地

石斛

天冬

玉竹

消食药

炒谷芽

炒麦芽

鸡内金

山楂

祛风湿强筋骨药

续断

桑枝

千斤拔

桑寄生

五加皮

化痰止咳药

北杏仁

桔梗

罗汉果

南杏仁

枇杷花

桑白皮

活血化瘀药

川芎

丹参

三七

郁金

解表药

柴胡

干品薄荷

鲜薄荷

鲜桑叶

紫苏叶

祛湿药

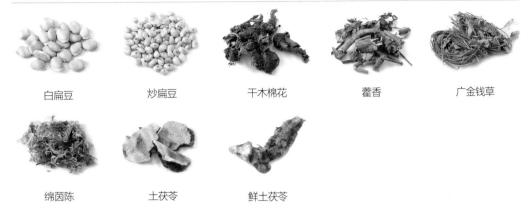

白扁豆 　　炒扁豆 　　干木棉花 　　藿香 　　广金钱草

绵茵陈 　　土茯苓 　　鲜土茯苓

清热药

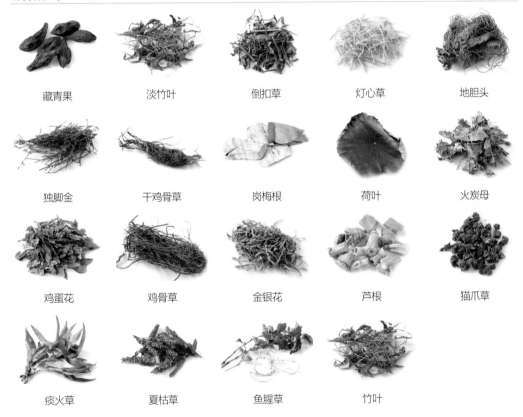

藏青果 　　淡竹叶 　　倒扣草 　　灯心草 　　地胆头

独脚金 　　干鸡骨草 　　岗梅根 　　荷叶 　　火炭母

鸡蛋花 　　鸡骨草 　　金银花 　　芦根 　　猫爪草

痰火草 　　夏枯草 　　鱼腥草 　　竹叶

利水渗湿药

鲜车前草 　　玉米须 　　云苓 　　泽泻 　　猪笼草

润下通便药

火麻仁

决明子

理气药

陈皮

甘松

砂仁

固精缩尿药

金樱子

芡实

固表止汗药

浮小麦